JIYU SHUJU TONGHUA DE
DONGTING HU SHUISHA MONI JI
TIAOKONG JISHU YANJIU

基于数据同化的洞庭湖水沙模拟及调控技术研究

刘晓群

闵要武◎主编

河海大學出版社

HOHAI UNIVERSITY PRESS

·南京·

图书在版编目(ＣＩＰ)数据

基于数据同化的洞庭湖水沙模拟及调控技术研究 /
刘晓群，朱德军，闵要武主编. -- 南京：河海大学出版
社，2022.5

ISBN 978-7-5630-7523-2

Ⅰ. ①基… Ⅱ. ①刘… ②朱… ③闵… Ⅲ. ①洞庭湖
－河流泥沙－数值模拟－研究②洞庭湖－河流泥沙－控制
－研究 Ⅳ. ①TV152

中国版本图书馆 CIP 数据核字(2022)第 090979 号

书　　名	基于数据同化的洞庭湖水沙模拟及调控技术研究	
书　　号	ISBN 978-7-5630-7523-2	
责任编辑	曾雪梅	
特约校对	王显荣	
封面设计	徐娟娟	
出版发行	河海大学出版社	
地　　址	南京市西康路 1 号(邮编：210098)	
电　　话	(025)83737852(总编室)　　(025)83722833(营销部)	
经　　销	江苏省新华发行集团有限公司	
排　　版	南京布克文化发展有限公司	
印　　刷	广东虎彩云印刷有限公司	
开　　本	700 毫米×1000 毫米　1/16	
印　　张	16.5	
字　　数	334 千字	
版　　次	2022 年 5 月第 1 版	
印　　次	2022 年 5 月第 1 次印刷	
定　　价	118.00 元	

编写委员会

主　编　刘晓群　朱德军　闵要武

湖南省水利水电科学研究院

伍佑伦　纪炜之　王在艾　赵文刚　宋　雯　吕慧珠
蒋婕妤　唐　瑛　刘　莹　王　灿　顿佳耀　唐　瑶
肖　寒　石健涛　彭丽娟　刘思凡　金兴华

清华大学

丛振涛　徐兴亚　江晨辉　舟雪嫣　霍军军　魏强强

长江水利委员会水文局

曾　明　许银山　李　洁　邹冰玉　冯宝飞　张　晶

刘晓群，男，生于 1967 年，湖南常德人，研究员级高级工程师，现任湖南省水利水电科学研究院河流泥沙研究所所长。

1990 年毕业于河海大学陆地水文专业，获学士学位；2006 年毕业于武汉大学水利工程专业，获硕士学位；2010 年毕业于河海大学水文学及水资源专业，获博士学位。

长期从事洞庭湖治理与保护相关研究。先后主持或参与洞庭湖规划治理、防洪排涝、河道整治等相关水利规划、设计项目 187 项；作为主要研究人员参加了国家自然科学基金项目"基于 DEM 的洞庭湖流域河网特征分析与数据挖掘问题研究""湿地演替带氧化还原电位变化特征与氮素迁移转化机理"，水利部公益性行业科研专项经费项目"洞庭湖四口河系防洪、水资源和水环境研究""极端洪旱事件对洞庭湖水安全影响机制研究""变化环境下七里山水域高洪水位研究"；作为项目负责人，主持了湖南省重大水利科技计划项目"基于数据同化的洞庭湖水沙模拟及调控技术研究""洞庭湖区防洪设计水位研究""洞庭湖内部超额洪量分区分布研究"等，总结提出了当代江湖关系的概念——三口水沙及城陵矶水位，深入研究了库群影响下洞庭湖水沙变化及适应性治理对策。

发表 EI、核心等期刊论文 40 余篇，获实用新型专利 2 项，软件著作权 3 项，参编专著 4 部。获湖南省科学技术进步奖二等奖 2 次，湖南省水利水电科技进步奖一等奖 1 次、二等奖 1 次、三等奖 2 次。

朱德军，男，出生于 1980 年，江苏建湖人，副研究员、博导，现任清华大学书院管理中心副主任。

2002 年毕业于清华大学水利水电建筑工程专业，获学士学位，2008 年毕业于清华大学水力学及河流动力学专业，获博士学位。2009－2010 年赴英国卡迪夫大学访问交流。

主要从事水沙运动、水动力与水环境模拟、水利测量与遥感方面的教学和科研工作。主持国家自然科学基金课题 3 项，国家重点研发子课题 2 项，国家重大专项专题 1 项；主持其他科研与生产性课题近 10 项，参与课题近 20 项。

发表国内外期刊论文近 60 篇、会议论文 30 余篇，其中近 50 篇被 SCI 或 EI 收录；参编专著 2 部；获国家发明专利 2 项，软件著作权 1 项；参编国家标准 1 项。获国家科技进步二等奖、大禹水利科学技术奖一等奖、水利院校德育教育优秀成果一等奖、清华大学教学成果一等奖等多项科研与教学奖励。

闵要武，男，出生于 1968 年，湖南浏阳人，正高级工程师，现任长江水利委员会水文局副总工程师。

1990 年毕业于河海大学陆地水文专业，获学士学位；2001 年毕业于武汉大学水文水资源专业，获硕士学位。

长期从事长江流域的水文气象预报、水资源分析预测、水库调度等防汛与水资源综合利用生产实践及相关科学研究工作。先后参加了长江防洪预报调度系统建设，三峡、丹江口、瀑布沟、雅砻江梯级、金沙江梯级电站、乌江梯级等长江流域控制性水库的防洪调度方式研究，中小洪水调度等防洪与水资源利用相关研究与应用等科研与生产服务项目。相关研究成果和工作实践保障了长江流域的防洪安全，也为三峡、丹江口等长江流域控制性水库的水资源综合利用发挥了重要支撑作用。

发表论文 10 余篇，参编专著 3 部，获大禹水利科技进步特等奖 1 项、一等奖 1 项，湖北省科技进步特等奖 1 项。2010 年获"国家防汛抗旱先进个人"称号，2020 年入选水利部一级水文首席预报员。

总报告编写说明

为保证课题顺利进行,湖南省水利水电科学研究院和清华大学以及长江水利委员会水文局合作成立了"基于数据同化的洞庭湖水沙模拟及调控技术研究"课题组,并按照团队成员专业进行业务分工。湖南省水利水电科学研究院教授刘晓群为项目负责人,并具体负责研究思路设计、团队协调与管理等工作。

1. 主要工作分为三个部分,具体分工如下。

(1) 基于数据同化方法的水沙模拟技术

① 由湖南省水利水电科学研究院负责,长江委水文局、清华大学参加,对资料进行收集,开展实地考察及必要的水沙地形补测、江湖关系变化及冲淤分析等基础性工作。

② 基于数据同化方法的水沙模拟模型构建由湖南省水利水电科学研究院、清华大学负责,长江委水文局参加。

③ 跟踪监测、水沙实验及模型验证。在项目实施期内(2019—2020年)开展模型验证断面的补充地形原型监测试验,并选取南闸下游虎渡河为原型,通过补充含沙量监测,分析研究多种因素影响下入湖水沙条件长系列变化情景等工作,由湖南省水利水电科学研究院、长江委水文局负责,清华大学参加;根据补充监测及试验成果对水沙模拟模型进行参数校正及优化的工作由清华大学负责,湖南省水利水电科学研究院、长江委水文局参加。

(2) 洞庭湖水沙情势与河湖变化趋势分析

① 洞庭湖冲淤变化情况分析由湖南省水利水电科学研究院、长江委水文局负责,清华大学参加。

② 洞庭湖来水来沙趋势分析由长江委水文局、清华大学、湖南省水利水电科学研究院负责。三峡水库及其上游梯级水库群影响下枝城站水沙变化情景(三峡水库运用前1981—2002年及运用后2003—2018年系列)及三口分流分沙趋势分析由长江委水文局负责;清华大学根据荆江三口、洞庭湖来水来沙历史资料,分析水沙要素发生变化的驱动因素和机制,结合补充监测及其分析成果,预测洞庭湖水沙变化的趋势。

③ 未来30年河湖演变及河网变化预测由湖南省水利水电科学研究院、清华大学负责,长江委水文局参加。

（3）新水沙条件下洞庭湖调控对策研究

① 典型历史洪水过程分析由湖南省水利水电科学研究院、长江委水文局负责，清华大学参加。

② 典型洪水情形下的洞庭湖洪水模拟工作由湖南省水利水电科学研究院、清华大学负责，长江委水文局参加。基于三峡水库对城陵矶地区的防洪补偿调度水位为 155 m（56.5 亿 m^3）、161 m（100 亿 m^3）的情况，分析研究遇到 1995、1996、1998、2016、2017 年等典型洪水时，城陵矶最高水位不超过保证水位的三峡水库调度运用方案，并基于水沙模型定量分析不同典型洪水条件下城陵矶水位的形成过程。这一工作由长江委水文局负责。城陵矶水位超保证水位的发生条件分析由清华大学、湖南省水利水电科学研究院负责。

③ 洞庭湖区防洪体系优化布局建议由湖南省水利水电科学研究院负责，清华大学和长江委水文局参加。

2. 本项目使用数据如下。

流域	站点	起止时间	主要指标
长江	宜昌站	1981—2018	逐日平均含沙量、逐日平均流量
	枝城站	1992—2018	逐日平均含沙量、逐日平均流量
	沙市站	1991—2018	逐日平均含沙量、逐日平均流量
	监利站	1981—2018	逐日平均含沙量、逐日平均流量
	螺山站	1981—2018	逐日平均含沙量、逐日平均流量
洞庭湖	七里山站	1981—2018	逐日平均含沙量、逐日平均水位
	南咀站	1981—2018	逐日平均含沙量、逐日平均水位
	小河咀站	1981—2018	逐日平均含沙量、逐日平均水位
	石龟山站	1981—2018	逐日平均含沙量、逐日平均水位
四水尾闾	湘潭站	1981—2018	逐日平均含沙量、逐日平均流量
	桃江站	1981—2018	逐日平均含沙量、逐日平均流量
	桃源站	1981—2018	逐日平均含沙量、逐日平均流量
	石门站	1981—2018	逐日平均含沙量、逐日平均流量
三口河系	新江口站	1956—2018	逐日平均含沙量、逐日平均流量
	沙道观站	1956—2018	逐日平均含沙量、逐日平均流量
	安乡站	1956—2018	逐日平均含沙量、逐日平均流量
	弥陀寺站	1956—2018	逐日平均含沙量、逐日平均流量
	董家垱站	1956—2018	逐日平均流量
	管家铺站	1956—2018	逐日平均含沙量、逐日平均流量
	康家岗站	1956—2018	逐日平均含沙量、逐日平均流量

3. 项目采用国家的高程系统为黄海高程系统。

前言

　　梯级开发改变江湖关系,影响下游水沙情势,进而对流域状况、人类生活和社会发展产生影响。本书根据长江干流、洞庭湖区 1981—2019 年三口四水主要测站实测水沙数据、地形资料以及历史洪水数据等,分析了荆江三口分流分沙变化趋势,三峡水库运行前后的水文情势变化特征、趋势及影响因素。同时,建立了一维非恒定流水沙数值模型,在此基础上,以多测站的实时观测信息作为实测数据,构建粒子滤波同化模块,对模型状态变量进行优化更新,动态校正糙率系数等模型参数,运用校正后的数学模型,模拟了荆江—洞庭湖未来 30 年长系列水沙情景,研究洞庭湖区冲淤演变规律和趋势,预判湖区河湖空间演变,提出了洞庭湖防洪体系布局优化方案,分析了其防洪影响及相应的对策建议。本书主要结论如下。

　　(1) 本书根据实测资料分析,宜昌、枝城、沙市站年径流量序列存在多个突变点,集中在 1990 年前后。监利站年径流量序列存在多个突变点,集中在 1988 年、1994 年、2000 年前后。螺山站年径流量序列存在多个突变点,集中在 1984 年、1991—2000 年、2016 年前后。年输沙量呈显著减少趋势,但无突变点。洞庭湖区各站点在三峡水库运用后的多年平均水位有一定幅度降低。荆江三口分流分沙能力整体处于不断衰减状态,但总体趋于稳定。湘潭站年径流量系列总体呈增大趋势,2002 年后呈减小趋势,东江水库运用后,1987—2018 年间大部分年份的年径流量较多年平均年径流量 670 亿 m^3 偏小;桃江站年径流量系列总体呈先增大后减小趋势,2002 年后呈减小趋势;桃源站年径流量系列总体呈先增大减小再增大趋势,五强溪水库运用后大部分年份的年径流量较多年平均年径流量 633 亿 m^3 偏大;石门站年径流量系列总体无明显变化趋势,江垭水库运用后,年径流量有所减少。年输沙量湘潭、桃江、石门站呈显著减小趋势,除湘潭站突变点出现在东江水库建设节点,其他站点突变点比较分散。

　　(2) 本书分析宜昌站 2003—2018 年还原、1981—2002 还现水沙过程发现,水库梯级建设主要改变径流洪峰、枯水流量,拦蓄泥沙,对于年际的径流过程基本无影响。

　　(3) 遇 1996 年、2016 年、2017 年典型洪水,三峡水库拦蓄至 155 m 左右(2017 年为 156.7 m)对城陵矶补偿调度,可满足低于保证水位的要求;1998 年型峰高量大的流域性洪水过程,除抬高三峡调洪水位之外,还需开展水工程(水库、蓄滞洪区)联合调度,挖掘工程拦洪潜力,减少进入三峡水库水量和入湖水量,共同配合保证中下游防洪安全。

(4) 本书基于构建的数据同化洞庭湖水沙模拟模型,分别以 2003—2008 年六年水文系列、2003—2012 年十年水文系列、2009—2018 年十年水文系列作为边界条件,循环预测本序列未来 30 年长江干流宜昌—城陵矶、三口河系、澧水洪道、东洞庭湖、目平湖和南洞庭湖的泥沙冲淤状态。以三峡运行后的 2003—2008 年六年模拟结果为例,至 2038 年,长江干流宜昌—城陵矶冲刷,累计冲刷量为 92 509.7 万 m^3。三口河系除虎渡河、松滋河口门持续冲刷外,其他河段均经历先淤积后冲刷的阶段,累计冲刷量 8 606.78 万 m^3。洞庭湖除东洞庭湖持续冲刷、目平湖持续淤积,南洞庭湖先淤积后冲刷,累计冲刷量 38 975.04 万 m^3。澧水洪道先淤积后冲刷,2017 年前持续淤积,累计淤积量为 152.29 万 m^3;2017 年后持续冲刷,累计冲刷量达 1 407.71 万 m^3。

(5) 本书针对数据同化水沙模型江湖模拟成果,提出适应新水沙条件下的洞庭湖演变趋势调控对策。对策一,推进城陵矶建闸和松滋口建闸水利调度工程,以适应长江三峡以下河段洪水、水资源整体调度的大环境。对策二,维护洞庭湖湖泊特点,在"共抓大保护、不搞大开发"的前提下,结合区域冲淤特点,实施七里湖、澧水洪道与目平湖的疏浚工程,提高松澧洪水遭遇时的安全泄洪能力。对策三,实施荆南三口稳流拓浚工程,提供三口河系水资源自流入湖的地理条件,增加湖区水资源入流。

目录

第一章 研究概述

1.1 研究背景及意义

1.1.1 研究背景

洞庭湖在城陵矶汇入长江,受长江及湘资沅澧约 130 万 km^2 面积来水影响,其 2 625 km^2 的湖泊面积所具有的巨大调蓄能力是长江中游防洪体系安全难以替代的组成部分,而湘资沅澧四水与长江自四口分泄入湖的洪水之间极其复杂的遭遇组合形式和蓄泄矛盾,使得湖区本身的防洪形势一直没有实质性改观。其原因主要在于三个方面:第一,长江和四水洪水遭遇组合形成的洪水洪量巨大,但因出口城陵矶泄流能力有限,洞庭湖调蓄洪量大而高洪水位持续时间特别长,再遭遇洪水汇入的机会大。第二,20 世纪 50 年代以来湖区河道及湖泊共淤积约 50 亿 m^3 泥沙,导致洞庭湖调蓄能力下降,河湖形态改变,湖区洪水水位不断抬高;当前随着清水下泄,泥沙再输移并重新分布,湖区水文情势又发生新的变化。第三,湖区河道总长度超过 1 500 km,两岸一线堤防 3 471 km,堤垸内地面较低,水网交汇分割,且四口河网断流居多,影响洞庭湖洪水传播的因素多且复杂易变,致湖区防洪局面被动。

近两年来,洞庭湖流域连续发生区域性大洪水,多站点降雨量超过历史记录值,湘资沅澧四水干流大批站点水位超警戒水位,甚至超历史纪录。2017 年湘江干流全线 1/2 河段水位超历史纪录,在长江上中游水库群拦蓄削峰错峰的情况下,洞庭湖城陵矶七里山站超过保证水位 0.08 m,超过警戒水位 2.13 m,藕池口、太平口逆流入江。洪水超纪录的同时,洪水特点也发生了显著变化。洞庭湖水系沅江、资水、湘江先后发生的超保洪水或超历史洪水汇入洞庭湖后相互叠加,洞庭湖水系入湖合成流量 2 d 内(6 月 29 日 8 时至 7 月 1 日 8 时)由 34 900 m^3/s 猛增至 81 500 m^3/s;洞庭湖城陵矶站水位从起涨到出现洪峰,11 d 内涨幅 5.63 m,最大日涨幅达 0.86 m,高于 1998 年(1998 年最大日涨幅 0.81 m);洞庭湖最大 15 d 入湖洪量高达 572 亿 m^3,最大 15 d 出湖水量达 456.7 亿 m^3,四水合成流量占螺山站流量的比例达 55%～85%,七里山与长江莲花塘水位落差维持在 0.5 m 左右,历史罕见,湖区防洪形势严峻,并出现了部分溃决性险情。

以三峡水库为中心的长江上游梯级群逐渐运用后,长江常遇洪水洪峰得到了控制,大量泥沙被拦截,清水下泄导致长程冲刷成为长期趋势。长江干流水位不断下降,通过荆江三口分流分沙入湖量虽不断减少,但历史上淤积的绝对量巨大的泥沙,在汛期分流中重新启动、运移,特别是三口河系中的松滋河仅在 2006—2016 年就有超过 1 亿 m³ 泥沙输送到洞庭湖,但洞庭湖出口七里山的输沙量并未表明洞庭湖处于泥沙冲刷状况。泥沙再输运后的重新分布,对洪道湖泊内河湖形态、洪水传播和水安全均会产生直接影响,如 2016、2017 年在长江干流水位很低的情况下,洞庭湖洪水反复叠加、洪量巨大而下泄缓慢,致使城陵矶七里山最高水位基本上达到了保证水位。

新的水沙情势下,洞庭湖洪水传播出现新的变化,需要研究新的方式方法以反映洞庭湖洪水的新特点。传统的洪水模拟模型将历史观测数据用于数学模型的率定和验证。率定和验证后的模型,可以模拟出研究对象的一般趋势,但不能反映模拟过程中系统特性的动态变化。对于目前洞庭湖泥沙运移分布远未达到平衡的情形,传统洪水模型面临率定验证的时效性较短、模拟精度随时间递减的问题。为提高传统洪水模型的模拟精度与适用性,可利用数据同化方法将数学模型和观测分析两者的优点有机结合,将多源、多分辨率的观测数据融入数学模型的动力框架中,从而优化更新洪水模型状态变量,对洪水模型参数进行动态校正,并对模型的不确定性进行分析,进而提升数学模型的模拟预测精度和可靠性。在此基础上,进一步研究长系列水沙变化条件下,洞庭湖冲淤演变及河湖空间变化规律,为洞庭湖区的水沙调控特别是缩短一线防洪战线提供技术支持,并为湖区河湖治理、防洪减灾、水资源调度、水环境治理、水安全保障等提供科学支撑。

1.1.2 目的意义

本研究根据洞庭湖区入湖水沙条件和水下地形冲淤变化,通过与实时观测数据相融合的数据同化方法建立洞庭湖水沙数学模型,实现洪水实时演进更高精度、更可靠的模拟;基于三峡水库防洪补偿调度,研究洞庭湖水系不同类型洪水再现时,控制城陵矶七里山最高水位不超过保证水位的可能性;通过建立未来30 年长系列水沙情景,研究洞庭湖区冲淤演变规律和趋势,预判湖区河湖空间演化趋势,提出洞庭湖防洪体系布局优化方案,分析其防洪影响并提出相应的对策建议。

本项目着眼于三峡水库及上游梯级群逐次运用引起荆江洞庭湖关系发生变化后,洞庭湖水沙条件出现的新特点和趋势,利用现有的多源多分辨率观测数据以大幅提升洞庭湖水沙模拟的准确性,建立江湖关系变化条件下洞庭湖演变及其防洪对策分析的实用技术,为新水沙情势下洞庭湖综合治理提供科学依据。研究成果可模拟洞庭湖洪水演进,明确水沙输运影响下河湖演化规律,为湖区缩短一线防洪战线、争取防洪主动并提高防洪能力提供技术支持,对于洞庭湖生态经济区融入长江经济带建设具有重大意义。

1.2 研究内容

1.2.1 基于数据同化方法的水沙模拟技术

本研究收集洞庭湖区水沙监测资料和地形资料等,根据荆江和湖区的实测水沙数据,结合湖区洲滩植被及冲淤变化情况,建立洞庭湖水沙数值模型;并采用适用于非线性和非高斯模型的粒子滤波作为数据同化方法,根据实时观测的水文泥沙数据,对水沙数值模型进行不确定性估计和同步校正,以提升洞庭湖水沙模拟的精度和可靠度。

在水动力模块,对沿程多测站的同步水文观测数据进行实时同化,优化更新模型状态变量水位和流量,动态校正模型参数糙率系数。在泥沙运动模块,以含沙量观测信息为主要观测数据,对含沙量进行优化更新,同时对恢复饱和系数、挟沙力公式参数进行动态校正。

1.2.2 洞庭湖水沙情势与河湖变化趋势分析

利用实测水沙资料和模型预测结果对比分析三峡水库运行后荆江河段、三口和四水的来水来沙及水位变化,结合地形资料,综合采用输沙率法和断面法,分析洞庭湖区冲淤及形态变化,揭示湖区最新的河湖演变和河网变化规律。

采用滑动平均法、小波分析法或 MK 非参数趋势检验法等方法,对洞庭湖区水沙要素进行变异诊断并研究其时空变异规律。再在水沙情势变化分析的基础上,针对水沙要素发生变异的重点区域和时段,综合判断水沙要素变异的主要驱动因素与机制。

1.2.3 新水沙条件下洞庭湖调控对策研究

利用基于数据同化的洞庭湖水沙模型,预测洞庭湖区水沙变化规律和冲淤演变趋势;在三峡水库对城陵矶地区的防洪补偿调度水位为 155 m(56.5 亿 m³)、161 m(100 亿 m³)的情况下,研究遇到类似 1995、1996、1998、2016、2017 年等洞庭湖水系来水较大的典型洪水时,控制城陵矶七里山最高水位降至保证水位以下的可能性。

根据未来 30 年湖区河湖演变趋势提出洞庭湖水沙特别是防洪体系优化的适应性对策与建议。

1.3 研究进展

1.3.1 洞庭湖

（1）湖区概况

洞庭湖为我国第二大淡水湖,汇集湘、资、沅、澧四水及湖周中小河流,承接经松滋、太平、藕池、调弦(1958 年冬封堵)四口分泄的长江洪水,其分流与调蓄功能对长江中游地区防洪起着十分重要的作用。湖区包括荆江河段以南,湘、资、沅、澧四水尾闾控制站以下,高程在 50 m 以下,跨湘、鄂两省的广大平原、湖泊水网区,湖区总面积 18 780 km²,其中天然湖泊面积约 2 625 km²,洪道面积 1 418 km²,受堤防保护面积 14 641 km²。洞庭湖分西、南、东三片,洪水时河湖连成一片。三峡水库投入运行前,湖区每年平均入湖泥沙量为 1.46 亿 t,出湖泥沙量为 0.47 亿 t,每年有近 1 亿 t 的泥沙沉积在洞庭湖内,平均每年淤高 0.03 m。洞庭湖入湖泥沙主要来自长江,每年约 1.2 亿 t,其次来自四水流域,每年约 0.26 亿 t。三峡水库投入运行以来,四口分流分沙发生了新的变化,但分泄洪水仍占荆江洪水的 1/4～1/3,洞庭湖调蓄了四口和四水入湖洪水的 28%。

长江荆江河段、城陵矶河段、洞庭湖水系与四口河系直接相邻。长江约 100 万 km² 的水沙出宜昌经沙市进入荆江河段,流向广袤的中下游平原区,并经过南岸四口分流入洞庭湖,在城陵矶附近与洞庭湖出流汇合,进入城螺河段。螺山水文站控制集水面积约 130 万 km²,荆江与城螺河段河道安全泄量大致为 50 000 m³/s 和 60 000 m³/s,但由于长江上游洪水与洞庭湖湘、资、沅、澧洪水遭遇机会多,超过河道安全泄量的洪水经常发生,洪水在洞庭湖调蓄的时间特别长,使得这一河段的防洪问题突出。三峡水库运行后,江湖关系的变迁导致洪水在城陵矶附近集中,仍有巨大的超额洪量需要分蓄,而这一问题当前尚没有得到彻底解决。

（2）湖区地质条件

地质部门的研究资料记载,洞庭湖区为距今 1.4 亿年前发生的燕山运动所造成的断陷盆地。洞庭湖断陷盆地在燕山运动以前,乃是长期处于隆起、剥蚀的江南古陆的一部分,在大地构造单元上属于扬子准地台的江南地轴。这个隆起的江南地轴,其基底由地槽型沉积的元古界冷家溪群和板溪群浅变质岩系组成。洞庭湖湖盆的形成经历了各种构造运动。

从地质构造上来看,洞庭湖的形成分为两个阶段。

第一阶段是早期构造形迹。湖区位于新华夏系第二沉积带的中部，前人称为"江南古陆"之上的一个中新生代坳陷盆地。距今10亿年前发生的武陵运动，是湖区地质发展史上最早的一次构造运动。其表现为：强烈的造山运动，使前期沉积的冷家溪群褶皱回返，并产生显著的差异性升降，使湖区中心的广大地区耸起成陆，与早先已位于其东、西两侧的大别山古陆、川中古陆连成一体。距今8亿年前发生的雪峰运动，产生了进一步升降，扩大了陆地范围，此运动之后湖区地槽发展阶段已告结束，从此转入地台发育阶段。加里东运动发生在距今4亿年前左右的早古生代末，在湖南其他地区表现为强烈褶皱回返的造山运动，在扬子准地台上表现为震荡性的造陆运动，这便是发育成熟的江南古陆。

当时的洞庭湖盆格局：北面是江汉断陷，西南是雪峰山隆起，东西分别为幕阜山和武陵山隆起带。区内发育的构造体系主要有：东西向构造，以石门—华容—临湘构造带及汉寿崔家桥—军山铺构造带为代表，由一系列褶皱和断裂组成，主要发生在古生代及以前的地层中，大部分被湖区最新沉积掩盖；北东向构造包括常德—津市断裂、岳阳—湘阴断裂、公田—宁乡断裂等，延伸最大长度100余公里，挽近期大多仍有活动，位于湖盆内部，往往呈北东向的次级隆起和凹陷，以蒿子港断裂、柳林咀断裂、幸福港断裂为代表，均隐伏在第四系地层之下；北西向构造分布于东北部，主要构造形迹有黄山头背斜和南县北景港—虎山—大湾断裂，多为第四系覆盖。

第二阶段是挽近期构造形迹。该时期地质构造显示以沉陷作用为主导，边缘差异性上升，掀斜运动以及挽近期地壳活动具有继承性的特点。

洞庭湖区地质史上的一大转折发生在距今1.4亿年前的中生代侏罗纪末，发生了燕山运动，延续了4亿多年的江南古陆已告结束，扬子准地台内的江南地轴从中折断，继而翻开了湖区地质史上洞庭断陷盆地形成和发展的新篇章。

早期燕山运动，即燕山运动第一幕，使湖区边缘地带自震旦纪以来的地台沉积盖层全部形成褶皱并伴随发生纵向的逆断层和正断层，其构造线方向主要为北东向和北东东向。雪峰弧隆起，其西侧的怀化、沅陵一带所形成的坳陷则继续下陷，接受了下白垩统沉积，形成了不对称的沅麻坳陷盆地，呈东北向展布。它向东北部展伸的一部分、位于五强溪以东至河洑之间的常桃盆地是当时湖区最大的坳陷区，也是形成洞庭湖盆地的雏形。

燕山运动第二幕发生于距今约1亿年至0.7亿年前，表现为强烈的差异升降和块断运动。雪峰弧进一步隆起上升，常桃盆地加速沉降，坳陷范围也迅速向东扩大，与东部的汨罗盆地相连接，形成了西起石门、澧县，东至岳阳、湘阴，北抵安乡、南县，南达益阳、宁乡的洞庭内陆湖盆。湖盆内的沉积物深度显示，当时盆地陷落的深度极大。湖盆西部、西南部和东部为强烈上升区，形成多级阶地，如四水下游发育六级阶地，显示地壳间歇性上升特点；而湖区则强烈下降，形成了广阔而巨厚的第四系冲湖积平原,同期形成的阶地,在湖盆周边多为基座阶地,而湖盆广大地区则形成掩埋阶地,有的被深埋水下百余米。

湖盆在全新世前期表现为整体南翘北俯的掀斜,后期北部地壳上拱,使盆地北部发生与南部反向的倾斜,致使盆地内积水洼地愈来愈小,呈近东西向横贯于盆地中央偏南的部位。

1.3.2 一维河网水动力学

水动力学模型主要包括连续方程和纳维-斯托克斯方程(NS 运动方程)。NS 方程通常采用 DNS 模拟、大涡模拟及雷诺时均应力模型。雷诺时均应力模型分别在垂线方向和水平方向进行积分,则可以得到描述一维非恒定流运动规律的圣维南方程组。

为了求解圣维南方程组,Tatum、Linsley 等采用纯经验方法,通过对大量观测资料的分析来率定流量水位的经验关系参数,并应用于天然河流的洪水过程;Lighthill、Dronkers、Dooge 则采用忽略非线性项的方法对一维圣维南方程组进行简化,而后积分求解;Cunge、Quick 分别采用水文学计算方法,建立了流量与存储量之间的近似关系,进而推求洪水演进过程。以上几种方法在计算机技术未充分发展的 20 世纪中期得到了广泛的应用,但由于洪水波附加比降的影响,同一水文测站在涨水时水位偏低,在退水时则因壅水的影响水位偏高,呈现逆时针的水位流量绳套关系,水位流量不是单值对应,因此经验方法与水文方法的发展都受到了一定程度的制约。

随着计算机技术的进步,Stoker 首次将完整的圣维南方程组应用于计算河道的洪水过程,动力波模型得到较大的发展。根据离散格式的不同,动力波模型分为显式和隐式两种。显式方法的主要研究者有 Stoker、Liggett、Martin、Strelkoff。穆锦斌、张小峰等国内研究者也借鉴显式方法对明渠非恒定流方程进行求解,对于每一时刻各断面未知参数,均可由代数方程组直接推求结果,通常采用追赶法进行求解。隐式方法的主要研究者有 Isaacson、Preissmann、Abbott、Amein 和 Chen 等。隐式方法主要用于解决显式方法的不稳定问题,但需求解大型代数方程组,其维度为 $2N \times 2N$,其中 N 是河道所有断面的个数。

在离散格式中,Preissmann 提出的四点隐式偏心离散格式,因其具有计算稳定性高、收敛性好及边界处理简便等优点,被广泛应用于离散一维圣维南方程组。河网是平原区域典型的模式,在单一河道的计算模型取得较大发展的同时,为了进一步解决复杂的区域水动力学问题,对河网的数学模型研究进入了一个活跃的阶段,分级解法和松弛迭代法等方法都被广泛应用于复杂河网区域的水动力学模拟中。

分级解法的前身是直接解法,但因为其需要求解不规则大型稀疏矩阵,所以应用受到较大限制。分级解法是对直接解法的优化,由荷兰水力学家 Dronkers 提出,该方法将河网分为汊点和河道两级。Schulze 也提出将单一河道处理为一个单元。通过消元计算,两级解法大幅减少了需求解的汊点处的流量、水位系数矩阵的维数,由 $2N \times 2N$ 降低为 $2M \times 2M$,其中 N 和 M 分别是河网中断面和汊点个数。张二骏在此基础上进一步发展了分级解法并提出三级解法,将河网分为微段—河道—汊点三级,降低系数矩阵的维数为 $M \times M$;李义天提出了河网非恒定流隐式方程组的汊点分组解法,进一步对系数矩阵进行了优化。分级解法降低了直接解法所需的存储量和计算量,但仍可得到与直接解法相同的计算精度,已基本取代了直接解法。

Fread 提出松弛迭代法,徐小明将松弛迭代法应用于树形河网,并进一步拓展到环状河网。其基本思想是将河网视为各单一河道,先预估汇流点支流的汇入流量,然后计算主流的水位值,以这个水位值作为支流下边界条件,计算得到汇入流量,然后采用松弛因子得出新的预估值,逼近其精确值。松弛迭代法具有精度高、节约存储空间以及节点编码简单等优点,但该方法在迭代求解时,也有着收敛特性及判断准则不易确定,且计算耗时会随迭代次数的增长而迅速增加的缺点。

在水动力学模型得到快速发展的同时,泥沙输移的数学模型也得到了长足的发展,在数学模型中应用了不平衡输沙模式。张瑞瑾根据制紊假说,提出了应用广泛的悬移质挟沙力公式。窦国仁在苏联早期研究结果基础上,详细阐述了均匀悬移质不平衡输沙原理并建立了初步的理论体系。韩其为通过悬沙分组的方法,将不平衡输沙理论拓展到非均匀悬移质,给出了恒定非均匀流情况下悬移质浓度沿程变化的解析解,并计算了悬移质和床沙质的变化规律。1980 年韩其为又进一步提出,在含沙量不大的时候不再划分床沙质和冲泄质,并将之统一到非均匀沙输送理论当中。Hjelmfelt 及张启舜均对非平衡沙的扩散问题做了细致的理论研究,对冲淤过程中含沙量沿程变化规律做了很好的理论解释。对于不平衡输沙的恢复饱和系数,韩其为给出在淤积情况下取值 0.25,在冲刷情况下取值 1,并进一步在 1997 年和 2008 年给出了不平衡输沙恢复饱和系数的理论计算公式。对于大型水库建成后下游河道的河床演变规律,国外也有很多相关的模型研究。Friedman 在分析了北美大平原的 35 座水库建成后的河道演变规律之后,认为水库的冲刷和河道地质条件、地貌历史条件、水文条件及水库运行条件等都密切相关;Brandt 又进一步根据坡降、平面形态、河槽形态、支流对主流反馈等的改变程度,将水库建成后下游河道的变化分为九个级别,为地形改变提供了一个量化的标准。一般认为,在水库蓄水运行后,下游河道均会发生较大幅度的冲刷,但 Phillips 和 Gilvear 认为难以对水库下游的冲刷做一个简单的预测,因为如果泥沙补给充足,河道也有可能出现淤积。关于各大型水库的冲淤计算方法有很多,但通常还很难准确预测河道地形改变。

相比其他河网模型,泥沙输移模型又有了两个新的要求:一是需要确定在分流汊点处的分沙模式,通常分为分流比模式、挟沙力模式及丁君松模式三种;二是需要将单一河道的泥沙输移模型引入河网模型中,现阶段主要分为节点悬沙控制法和汊点搜索法两种。其中,节点悬沙控制法主要通过消去法,在获取首末断面悬移质浓度关系后建立汊点泥沙浓度矩阵,求解回代来计算各断面悬移质浓度以及沿程悬移质和床沙质调整;汊点搜索法则从初始断面开始采取逐断面和逐汊点的方法逐级计算各断面浓度。

水库清水下泄,不仅会导致沿程冲刷,也可能会导致河型转化。钱宁将河道分为顺直、弯曲、分汊和游荡四种类型,并提出在床沙质相对来量较多时,天然河道易发展为游荡性河道,并对河型形成的水动力学稳定性条件进行了定量的分析。潘庆燊根据丹江口水库建成后汉江河型发展趋势,对宜昌至汉口河段的河型发展趋势进行了预测,认为随着护岸工程的完工,该河段的边界条件将更加稳定,因此河床形态总体上也不会有大的变化。对于河型演变的研究主要以对河流的调查、观测和模拟为主,但近年来,数学模型研究也获得了较大的发展。黄国鲜采用三维网格和固定网格结合的方法,用三维模型来模拟河道演变过程;何国建建立了三维全沙输移数学模型,特别是给出了推移质输移中不平衡输沙长度的选择方法;假冬冬比较了经验分析法、二维模型和三维模型的特点及局限性,并在2010年将三维水沙数学模型和二元结构河岸崩塌力学模型结合,对荆江局部河湾的河势变化进行研究;周刚建立了二维河型演变模型,通过加入弥散应力项来模拟弯道二次流,并采用边岸崩塌模型来模拟边岸的横向变形。现阶段河道演变模型还存在计算耗时长、计算区域小等缺点,对流域尺度的河道演变分析技术还有待提高。

随着测量管网设施的完善,测量技术自动化进程的延续,越来越多的实测数据可以纳入以支持洪水调度、水资源调度的管理决策方案。在这样的形势下,数学模型需要引入数据同化技术,根据实测数据同步修正糙率等主要参数,来进行未来一段时间的预报。

1.3.3 数据同化

数据同化算法发端于二十世纪五十年代气象预报领域中客观分析的研究。数据同化算法经历了早期的多项式插值、经验修正法,二十世纪八九十年代的优化插值方法,到九十年代以后进入快速发展时期,各类新型数据同化算法不断涌现。数据同化算法的理论基础主要有最优估计理论、系统控制理论、优化方法理论和误差估计理论。当前,数据同化算法已经被广泛应用于大气、海洋、陆面、生态等多个领域中,并成为水利领域研究的前沿和热点。根据同化观测数据的方式，数据同化算法可以分为连续数据同化算法和顺序数据同化算法两大类。

1.3.3.1 连续数据同化算法

连续数据同化算法需要设定同化时间窗口，利用同化时间窗口内所有可用的观测数据对该同化窗口内的模型轨迹进行最优估计，通过优化算法不断迭代调整同化窗口内的模型轨迹，最终将其与所有的观测数据相拟合。图 1-1 为连续数据同化算法示意图。连续数据同化算法以变分法为代表。变分法的基本思想在于将数据同化问题转化为求解极值的问题，通过构建代价函数作为衡量观测数据和模型状态值差异的目标函数，在满足约束条件的限制下，最小化目标函数使得模型状态值和所有观测数据之间的差异最小，目标函数取最小极值时的模型轨迹即为最终的同化结果。

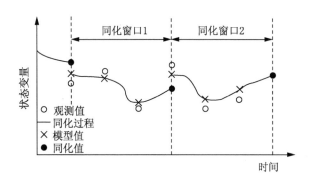

图 1-1 连续数据同化算法示意图

常用的变分方法有三维变分算法（3DVAR）和四维变分算法（4DVAR）。三维变分算法是在状态变量的三维分布空间上求解目标函数最优解的算法。三维变分算法假定每次的观测时间间隔为固定的，只能定时进行同化分析。四维变分算法在三维变分算法的基础上增加考虑状态变量的时间维度，可以对任意时刻可用的观测数据进行同化分析。变分算法已被广泛地应用于气象和海洋领域。由于变分算法需要构造同化窗口期内的切线性方程和模型及观测算子的伴随模式，对于非线性和高维的模型采用变分法进行同化往往计算量非常大。

1.3.3.2 顺序数据同化算法

顺序数据同化算法不需要设定同化窗口，只对当前时刻的观测数据进行同化计算。图 1-2 为顺序数据同化算法示意图。顺序数据同化算法包括预测和更新两个步骤，预测步骤根据初始时刻的模型状态值，不断对模型进行向前积分计算，对未来时刻的模型状态值进行预测，直到有新的观测数据出现；更新步骤则是对新的观测数据和该时刻的模型状态预报值进行最优估计，考虑两者的误差对其赋予不同的权重,通过加权计算观测值和预报值得到该时刻的模型状态同化值。根据更新后的模型状态同化值初始化模型,重复上述过程,即可实现模型对所有时刻的模型状态值的预测和更新。

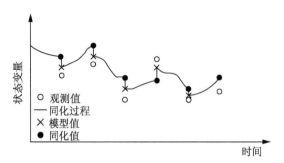

图 1-2　顺序数据同化算法示意图

　　顺序数据同化算法以卡尔曼滤波算法为理论基础,演变出其他不同形式的顺序数据同化算法。经典卡尔曼滤波算法(KF)根据给定的模型误差和观测误差协方差矩阵,以最小均方误差作为估计准则,对模型状态预报值和观测值进行最优估计得到模型状态同化值。经典卡尔曼滤波算法只能在线性模型和高斯分布假设下求得最优解。扩展卡尔曼滤波算法(EKF)通过构造切线性算子将非线性模型线性化,之后采用经典卡尔曼滤波算法进行求解,实现对非线性模型的同化计算。但扩展卡尔曼滤波算法只对弱非线性模型适用,当模型非线性太强时,容易出现不稳定的现象。集合卡尔曼滤波算法(EnKF)将卡尔曼滤波方法与集合理论相结合,通过蒙特卡罗方法来逼近非线性模型的模型误差,避免了模型协方差矩阵的复杂计算,有效降低了同化过程的计算量,对非线性模型的同化有非常好的效果。集合卡尔曼滤波算法相对于扩展卡尔曼滤波算法的优点在于不需要对模型进行线性化。当前,集合卡尔曼滤波算法已在各领域得到了非常广泛的运用。对于水利模型来说,模型状态变量的概率分布通常不服从高斯分布假设,无法只通过一阶矩和二阶矩对模型状态变量的概率密度进行精确描述。此外,集合卡尔曼滤波还存在同化后模型质量不守恒的问题。

　　近年来,以粒子滤波为代表的非线性非高斯顺序数据同化算法,正以其优异的性能受到越来越多的研究者关注。粒子滤波的实质是利用蒙特卡罗数值模拟方法来求解贝叶斯滤波问题,以一组带有权重的随机粒子对模型状态变量的概率分布进行逼近,其可以表示状态变量的任意概率密度形式。相比于卡尔曼系列滤波方法,粒子滤波算法在应用于非线性和非高斯模型时具有明显的优势。

　　从 20 世纪 90 年代初期开始,随着性能的提高,粒子滤波算法已被广泛地应用于模式识别、目标跟踪、金融分析和自动控制等领域。2005 年,Moradkhani 等人首次将粒子滤波引入水文模型的数据同化研究并取得成功后,粒子滤波算法就成为水文模型数据同化算法研究的前沿和重点,用于优化水文模型的状态变量、估计水文模型参数和评估水文模型的不确定性等。但到目前为止,在水动力、泥沙和水质模型的数据同化研究中,采用粒子滤波作为数据同化算法进行研究的报道尚不多见。

1.3.4　江湖关系

江湖关系是指连通的江湖之间进行一系列相互作用,如水量交换、河湖冲淤以及水文、生态效应的变化。长江中下游水资源丰富,河网密布,水系网络交错复杂,沿江两岸发育了很多湖泊,各湖泊水系之间沟通交错,并与长江水系连通,长期相互作用下逐渐形成了复杂的江湖关系。20世纪有关江湖关系的研究主要集中在长江与洞庭湖、长江与鄱阳湖之间的交互关系。在气候变化和区域水土资源开发的综合影响下,特别是在长江上游梯级水利、水电枢纽群和重大水利工程群的影响下,该区域江湖间水沙蓄泄过程及江湖关系发生了显著的变化。江湖关系变化体现在很多方面,引起江湖关系变化的原因既有自然的因素,也有人为的因素。作为长江出三峡进入中下游平原后的第一个通江大湖,洞庭湖在长江中下游扮演着重要的角色,它是长江中下游典型的过水吞吐型湖泊,湖泊来水来沙很大程度上受荆江三口和四水影响,其冲淤变化、调蓄能力等受到江湖关系变化的显著影响。江湖关系的变化直接影响洞庭湖水量变化,导致湖区水位波动,进而对其湿地生态产生影响。江湖关系的演变是洞庭湖治理、开发及保护的重要影响因素。

目前,在江湖关系的研究上,有关长江流域蓄泄变化的研究较多。如:卢金友、罗恒凯对长江与洞庭湖关系变化进行初步分析,发现荆江三口的分流分沙受自然因素和人为因素的影响在逐渐减少,从而引起江湖关系的一系列调整变化,对长江和洞庭湖的演变及防洪均产生了一定影响。施修端等对1956—1995年洞庭湖冲淤变化进行研究发现,1956—1995年洞庭湖淤积量及出湖水沙量随着四水分流分沙比的减小而减少,洞庭湖水系中,松滋河的东西两支、资水尾闾、草尾河、西洞庭湖两个出口等测站河床呈冲刷趋势,其他水系湖泊呈现淤积状态,而洞庭湖出口河道从1998年呈现冲刷迹象。李景保等则从洞庭湖径流泥沙的角度出发,分析洞庭湖的演变过程与驱动因子,指出洞庭湖年径流量与输沙量呈同步减少趋势,并提出湖泊径流泥沙显著减少的主要原因是荆江三口入湖水沙通量骤减。研究者同时指出,虽然洞庭湖入湖泥沙不断减少,但受控于湖面缩小、洪道和湖口输沙功能退化等因素,洞庭湖在2003年以前仍以淤积为主,这与之前研究者基于遥感影像和沉积物分析的洞庭湖演变结论相一致。尽管近年来洞庭湖的水沙变化过程主要受人类活动的影响,但气候亦是影响湖泊水沙演变的重要因素。部分研究者利用湖区主要气象站数据对洞庭湖流域的气温、降水等参数进行了具体分析，表明洞庭湖的降雨量自 20 世纪 90 年代起开始明显增多，湖区温度呈上升趋势，这是湖区洪水事件频发的重要影响因子。尽管洞庭湖的入湖水沙在前述人类活动的影响下呈显著下降趋势，但湖泊整体仍处于淤积模式，而这种模式在三峡水库运行后被彻底改变。自三峡水库正式运行后，长江中下游的水文情势发生显著改变。胡春宏等利用实测资料对三峡水库 2003 年蓄水以来大坝上下游泥沙冲淤情况进行分析，并对长江中下游江湖关系变化进行研究，提出三峡水库运行后，水沙挟沙能力显著增强。三峡水库蓄水后，七里山年均输沙量减少幅度不大，但是洞庭湖排沙比显著增大，甚至部分年份洞庭湖排沙比超过 100%。李景保等在分析江湖水力关系的基础上，从不同的时间尺度分析江湖水体交换能力的演变特征及其对三峡水库运行的响应等。

可以发现，长江与洞庭湖的江湖关系研究成果丰硕，但是大部分研究仅针对洞庭湖与长江关系中的一部分，或者集中于三口分流，或者集中于出口城陵矶，缺乏对长江与洞庭湖关系的整体把握。

第二章　研究区域概况

2.1　自然地理

洞庭湖区指洞庭湖主要影响范围,指长江荆江到临湘铁山咀以南、京广铁路以西、湘资沅澧四水出口控制站以下,高程 50 m 以下,跨湘、鄂两省的广大平原、湖泊水网区,总面积约 4 万 km²(图 2-1)。

洞庭湖盆地地势较低,外缘东、西、南三面环山。幕阜山、罗霄山等湘赣界山绵亘于东,为与鄱阳湖水系的分水岭,山地海拔 500~1 000 m,少数在 1 500 m 以上;南岭山系屏嶂于南,是与珠江水系的分水岭,山地海拔 1 000 m 上下,高峰可达 1 600~2 200 m;武陵、雪峰山脉逶迤于西,是与乌江、清江水系的分水岭,山体海拔一般不超过 1 000 m,但最高峰可达 1 500 m 以上。流域北缘则滨临长江荆江段,并与广袤的江汉平原隔江相望。湖区外观为一相当规则的菱形,对应边几近相等。湖区东界在京广铁路左侧;西界位于常德—临澧一线的西侧,呈南北方向;南界止于益阳—望城一线;洞庭湖与北面的古云梦泽之间,以华容隆起为界。君山、墨山、石首残丘和黄山头,勾画出隆起的大致轮廓。

湘江流域属华南上隆剥蚀中低山丘陵区及洞庭湖拗陷盆地。流域处于次一级区域性构造紫荆山—衡阳—株洲—连云山、临武—郴县—永兴—邓阜仙、铜官—公田三大华夏系多期活动性断层带之间,以上断层呈 30°N~55°E 方向延伸,延伸长均大于 250 km。地形特点为西南高北东低,东安至洞庭湖入口河流落差 95 m,其中东安至永州萍岛属中低山地貌,两岸峰险山峻、谷深林密,山头标高 500~1 500 m,河道顺直,一般为"V"形河谷,河谷宽 110~140 m,河床坡降为 0.90‰~0.45‰。

资水流域南部多中低山,东部为丘陵,中部丘岗起伏,东北部为平原,整个流域地势西南高而东北低。流域内山地占 55%,丘陵占 35%,平原占 10%。资水流域地貌主要由两次造山运动形成:一是加里东褶皱运动构成的雪峰山脉,这一构造带有坚硬古老的变质地层与岩石,占流域面积 35%;二是燕山褶皱运动形成的燕山褶皱地区,占流域面积 65%。

(a) 地理位置

(b) 区域位置

图 2-1 洞庭湖区示意图

沅江流域南北长、东西窄,略呈自西南斜向东北的矩形,地势上跨越我国第二、第三级阶梯,大部分区域为山地丘陵地区,上游分布有苗岭山脉,两侧分布有武陵山、雪峰山两大山脉。流域总体地势西部、南部和西北部高,东部、东北部低,海拔差异较大,上游海拔 1 000～2 000 m,河口区海拔仅 30～40 m。

澧水流域南以武陵山与沅水为界,西北以湘鄂丛山与清江分流,东临洞庭湖,地势西北高、东南低。桑植县城以上两岸高山峻岭,山峰高程多在 1 000～

2 000 m,桑植至石门,河流穿行于峡谷与山间盆地之中,深潭与急滩交互出现。山岭高程 400~1 400 m,石门至小渡口则入丘陵、平原之中,高程 35~50 m,小渡口以下属尾闾,为广阔的平原,地面高程 30~40 m。

2.2　水文气象

洞庭湖多年平均气温 16.6~17.1 ℃;区内平均年降水量 1 290 mm,由东南向西北呈递减趋势,降水日数 142 d,年蒸发量 1 258.3 mm。洞庭湖汛期在 4—9 月,主汛期在 6—8 月,7 月出现年最高水位次数最多,占 64.2%。

2.3　河网水系

洞庭湖水系如图 2-2 所示。

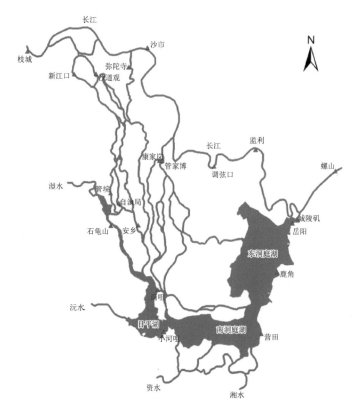

图 2-2　洞庭湖水系示意图

2.3.1 长江

长江出宜昌后,自枝城进入荆江,到螺山以上的河段对洞庭湖有直接影响。其中,长江干流湖南段位于岳阳市境内,为荆江—城陵矶—螺山右岸河段,上起华容五马口,下至临湘铁山咀,河长 163 km,流经二县三区,即华容县、君山区、岳阳楼区、云溪区、临湘市。

2.3.2 洞庭湖

2.3.2.1 湖泊与洪道

目前,洞庭湖以东、南洞庭湖及目平湖为主,根据 2003 年地形数据,自然湖泊面积对应 32 m 地形高程为 2 455 km²,容积为 164 亿 m³(表 2-1)。

表 2-1 洞庭湖面积、容积情况表

高程	东洞庭湖		南洞庭湖		目平湖		合计	
85 黄海高程(m)	面积(km²)	容积(亿 m³)	面积(km²)	容积(亿 m³)	面积(km²)	容积(亿 m³)	面积(km²)	容积(亿 m³)
21	86.7	4.64	42.0	2.19	7.73	0.37	136	7.20
22	142	5.66	50.6	2.65	10.2	0.45	203	8.76
23	312	7.91	77.9	3.26	13.9	0.57	403	11.7
24	485	11.9	134	4.29	19.9	0.73	640	16.9
25	740	18.0	231	6.07	27.4	0.97	999	25.1
26	985	26.7	377	9.06	38.7	1.29	1 401	37.0
27	1 145	37.4	530	13.6	57.8	1.76	1 733	52.8
28	1 212	49.3	692	19.7	110	2.58	2 015	71.5
29	1 239	61.5	809	27.2	178	3.98	2 227	92.7
30	1 253	74.0	867	35.6	247	6.12	2 368	116
31	1 262	86.6	889	44.4	279	8.78	2 430	140
32	1 265	99.2	896	53.3	295	11.7	2 455	164

注:表中数据四舍五入,取约数。

湘资沅澧四水尾闾以及汨罗江、新墙河等区间河流水沙汇入洞庭湖,到城陵矶湖口再汇入长江。不同的来水在湖泊范围内形成了多条深水河道,合计 951 km,

河湖管理范围面积为 3 215 km²（表 2-2）。

表 2-2 纯湖区河湖情况表

河名		范围	河长(km)	河湖空间面积(km²)
主流	支河			
湘水	尾闾	湘潭水文站—濠河口	154.73	125.42
	湘尾东支	濠河口—营田	32.38	30.99
	湘尾西支	濠河口—斗米咀	31	20.38
资水	尾闾	桃江—杨柳潭	72.9	55.31
	甘溪港河	甘溪港—凌云塔	22	5.2
	毛角口河	毛角口—临资口	35.5	19.76
沅水	尾闾	桃源—坡头	104.56	169.09
澧水	尾闾	石门—津市	60.90	40.46
	澧水洪道	石龟山—西河	33.04	59.26
汨罗江		京珠高速公路桥—磊石山	50.02	
新墙河		筻口—岳武咀	26.8	
西洞庭湖	目平湖	目平湖长	34.5	335.16
	七里湖	四分局、三角堤—坡头、新堤拐—南咀、小河咀	54.06	93.68
南洞庭湖	南洞庭湖	赤山—营田	55.0	791.12
	草尾河	赤山—磊石山	49.64	46.84
	黄土包河	附山洲—毫巴	58.92	
东洞庭湖		营田—城陵矶	75.3	1 422.59
合计	洞庭湖	西洞庭湖+南洞庭湖+东洞庭湖	219	2 643

2.3.2.2 堤垸区主要水系

堤垸区水系指湖区堤防保护区的 4 大撇洪河和 9 大内湖,总集水面积约 6 460 km²(表 2-3、表 2-4)。洞庭湖区撇洪河将沿湖丘陵地带山水汇集后,沿渠汇集垸内涝水排往外河(湖),一般撇洪河出口均建闸控制,其水位既受上游来水影响,又受出口外河水位的影响。纳入本次设计的有冲柳撇洪河、涔水撇洪河、南撇河、南湖撇洪河、烂泥湖撇洪河。

(1)冲柳撇洪河

冲柳撇洪河分高水、低水撇洪河,因此,冲柳撇洪工程由低水片排洪与高水河

表 2-3 撇洪河水系情况表

垸名	撇洪河名	干流起止点		撇洪面积 (km²)	河长 (km)
		起点	终点		
沅澧垸	冲柳撇洪河	新民闸	苏家吉	553.61	55.40
淞澧垸	涔水撇洪河	临澧官亭闸	小渡口	1 144.25	72.43
	南撇河	官亭水库	南撇闸	22.9	9.633
沅南垸	南湖撇洪河	谢家铺	蒋家咀	967.56	50.5
烂泥湖垸	烂泥湖撇洪河	光坝	乔口	689.60	40
合计				3 377.92	225.453

表 2-4 内湖水系情况表

垸名	内湖名	集水面积 (km²)	水面面积 (km²)
安保垸	珊泊湖	26.0	20.0
沅澧垸	冲柳低水	540.18	32.61
	西毛里湖	363.68	56.67
淞澧垸	北民湖	208.42	20.4
大通湖	大通湖	1 025.3	101.1
烂泥湖垸	烂泥湖	233.3	37.5
	沩水故道	82.7	4.5
育乐垸	南茅河	333.33	8.8
长春垸	黄家湖	168	11.67
合计		2 981	293

排洪工程共同组成。其中,冲柳高水撇洪河从八宝湖起,流经常德市津市西湖垸、鼎城区冲柳垸、八官崇孝垸、民主阳城垸、汉寿西湖垸和西洞庭管理区,全长55.4 km,撇洪面积553.61 km²,其中南河、北河、同心河等支流将257.51 km²山水直接注入撇洪河。另接纳沿撇洪河26处83台14 578 kW的泵站排水。撇洪河出口建有苏家吉泵站,装机8台6 400 kW,在外河水位较高、苏家吉闸关闭时抽排内河洪水。冲柳撇洪河还有冲柳闸与冲柳低水水系相连,当冲柳撇洪河来水危及堤防安全时,可通过此闸往低水区泄水,再通过牛鼻滩泵站和马家吉泵站将水排出。目前,高、低水均达20年一遇排洪标准,另外通过南碏电排扩机,低水区的城建区达到了2年一遇24时暴雨24时排干的城市排涝标准。

（2）涔水撇洪河

涔水为松澧大圈内撇洪河，松澧大圈位于洞庭湖西北部，为洞庭湖重点防洪保护区，属澧水尾闾的冲积平原。涔水发源于王家山及燕子山，全长约 72.43 km，涔水撇洪河堤全长 106.42 km（左右岸），总撇洪面积 1 144.25 km²，地跨临澧、澧县、津市、津市监狱。北民湖为涔水撇洪河调蓄内湖，面积 14.5 km²，最大水深 3 m，平均水深 2.8 m。

（3）南湖撇洪河

南湖撇洪河上起谢家铺，下至蒋家嘴，全长 50.5 km，于蒋家嘴汇入目平湖。南湖撇洪河沿途拦截谢家铺、沧水、严家河、太子庙、崔家桥、龙潭桥、纸料洲 7 条支流山洪，撇洪面积总计 967.56 km²，其中沧水面积最大，面积为 287.3 km²。

（4）烂泥湖撇洪河

烂泥湖撇洪河工程位于大众垸北端，原设计撇洪面积 734.6 km²，实际撇洪面积为 689.5 km²，撇洪河干流自赫山区龙光桥镇至望城区乔口镇出湘江，全长 40 km，出口建有乔口防洪闸。沿途有南岳坪河（45.9 km²）、稠木垸河（17.2 km²）、沧水铺河（120 km²）、泉交河（221 km²）、干角岭河（6 km²）、侍郎河（186 km²）、汤家冲河（6 km²）、朱良桥河（62.3 km²）8 条支流自上游至下游汇入烂泥湖撇洪河。

（5）主要内湖

洞庭湖内湖位于各堤垸内，一方面调蓄山洪或垸内渍水，另一方面保证沿湖农田灌溉，内湖渍水一般通过排水闸与外河相通，部分大型内湖设有控制泵站。主要内湖有珊泊湖、冲柳低水、西毛里湖、北民湖、大通湖、烂泥湖、沩水故道、南茅河和黄家湖。

2.3.3　四水

湘、资、沅、澧四水均汇入洞庭湖，总集水面积约 23.0 万 km²，干流及出口控制站以下支流总河长 4 129 km（表 2-5）。

表 2-5　湘资沅澧四水及湖区主要支流水系情况表

水系	河名	流域面积（km²）	河长（km）	比降（‰）
四水		230 444	4 129	
湘江流域	湘江	94 660	867	0.13
	浏阳河	4 237	222	0.57
	捞刀河	2 543	141	
	沩水河	2 447	144	1.16
	八曲河	331	53	0.68

续表

水系	河名	流域面积(km²)	河长(km)	比降(‰)
湘江流域	沙河	322	34	1.10
	石渚河	94	24	2.46
澧水	澧水	18 583	390	0.80
	道水	1 364	101	0.97
沅水	沅水	89 163	1 033	0.25
	延溪	419	48	1.27
	白洋河	1 719	105	0.84
	陬溪	215	45	0.89
	枉水	484	57	1.24
资水	资水	28 038	653	0.75
	桃花江	407	58	24.30
	沾溪河	265	43.1	2.79
	牛潭河	20	9	6.45
	七星河	41	15.1	10.60
	新桥河	76	21.6	1.98
	志溪河	326	65	1.06

注:此表数据四舍五入,为约数。

2.3.3.1 湘江

湘江是长江七大支流之一、洞庭湖水系四大河流之一,也是湖南省境内最大的一条河流。湘江在永州萍岛以上分东西两源,东源为正源。东源又名潇水,发源于蓝山县野猪山南麓野狗岭,流经江华、道县、双牌、零陵等县(区),流域面积为 12 099 km²;西源发源于广西灵川县海洋山,在全州县斗牛岭流入湖南,流域面积为 9 242 km²。东西两源在萍岛汇合后,经冷水滩、衡阳、株洲、湘潭、长沙至湘阴的濠河口注入洞庭湖。江、湖之水共经岳阳于城陵矶汇入长江。湘江干流在萍岛(潇水河口)以上为上游,萍岛至衡阳市为中游,衡阳以下为下游。

浏阳河为湘江下游主要支流之一,位于湖南东部,界于渌水与捞刀河之间。浏阳河发源于湘赣交界的大围山,分南北两源,其北源大溪河为正源,集水面积为 1 285 km²,河长 86.8 km,平均坡降为 1.62‰;南源名小溪河,集水面积为 782 km²,河长 108 km,平均坡降 2.35‰。南、北两源在双江口汇合后始称浏阳河,流向大致自东向西,流经浏阳市、枨冲、普迹、镇头市、金洲、仙人市、东山、㮾梨、花桥、洪山庙,在长沙市北郊落刀咀处汇入湘江。全流域集水面积为 4 237 km²,干流河长 222 km,平均坡降为 0.57‰。浏阳河流域地势东北高、西南低,东西长、南北窄。

捞刀河,又名捞塘河、潦浒河,为湘江出口左岸一级支流,发源于浏阳市石柱峰北麓的社港镇周洛村,流经浏阳市社港镇、龙伏镇、沙市镇、北盛镇和永安镇,长沙县春华镇和黄花镇,长沙市开福区捞刀河街道,于长沙城北洋油池汇入湘江。流域面积为 2 543 km²,河长 141 km。

沩水河,又名"沩水",古名"玉潭江",为湘江下游左岸一级支流,发源于湖南省宁乡县扶玉山,自西向东流经宁乡县城、双江口,于望城县高塘岭街道境内注入湘江。沩水流域面积 2 447 km²,河长 144 km,平均坡降 1.16‰。

八曲河,位于湘江下游左岸;干流全长 53 km,流域面积 331 km²。主要流经长沙市望城区、岳麓区。

沙河下游亦称长沙市霞凝河,源于汨罗市分水坳,经三姊桥、高家坊至长沙市杨桥耙山入望城区境,京广铁路平行于东侧。沙河全长 34 km,流域面积 322 km²,河流平均比降 1.10‰。

石渚河发源于长沙县吴家山,主要流经长沙县百福塘、茶亭寺、戴公桥、和尚桥以及新桥等地,最终于石渚注入湘江。流域面积 94.2 km²,河长 24 km,河流平均比降 2.46‰。

2.3.3.2　资江

资水为洞庭湖水系四大河流之一,位于湖南省中部。流域形状南北长、东西窄,地势西南高、东北低。资水自邵阳县双江口以上分西、南两源,西源赧水流域面积 7 103 km²,较南源夫夷水大 56%,河长 188 km,较南源短 24.2%,习惯上以西源赧水作为资水主源。南源夫夷水发源于越城岭北麓,广西资源县境,北流经新宁、邵阳至双江口;西源赧水发源于城步县境雪峰山东麓,向东北流经武冈、隆回至邵阳双江口与南源夫夷水汇合,始称资水,经邵阳、冷水江、新化、安化、桃江、益阳等县市至甘溪港后汇入洞庭湖。沿途主要支流有蓼水、平溪、辰水、邵水、石马江、大洋江、油溪、渠江、泿水、沂溪、桃花江等支流。资水流域面积 28 038 km²,河长约 653 km,河流比降约 0.75‰。

桃花江又称獭溪,是资水一级支流,发源于桃江县柘石塘,于桃江县桃江镇入资水。集水面积 407 km²,全长 58 km,河流比降 24.30‰。

沾溪河源于松木塘镇,河长 43.1 km,流域面积 265 km²,河流比降 2.79‰,流经双江口、胡家湾等地,在贺家坪村河咀上注入资江。

七星河发源于桃江县浮邱山,流经棋台上、桃花江公社、白云庵以及杨家坳等地,于桃江镇汇入资水。七星河全长 15.1 km,流域面积 41 km²,河流比降

10.60‰。

牛潭河是资水一级支流,起源于益阳市赫山区羊牯漯,流经王家冲、郭家冲,后经桃江县朱木村、陈家冲于台子北流入资水。全长 9 km,流域面积 20.3 km²,河流比降 6.45‰。

新桥河流域面积 76.2 km²,河长 21.6 km,河流比降 1.98‰,发源于汉寿县青山岭,流经汉寿颜家庙、锡文庙及益阳县双江口、荒田洲及瓦窑坪等地,于益阳市杨家洲入资水。

志溪河是资江的一级支流,全长 65 km,流域面积 326 km²,河流比降 1.06‰,经赫山区泥江口、龙光桥、新市渡、谢林港、会龙山乡镇办事处入资江。

2.3.3.3 沅江

沅江南源龙头江,源出贵州都匀市斗篷山北中寨,又称马尾河。北源重安江,发源于贵州省麻江县平越。两源流至贵州凯里市汊河口汇合后,称清水江,由芷江县銮山入湖南境,至洪江市托口镇与渠水汇合后,称沅江,流经芷江、会同、洪江、中方、溆浦、辰溪、泸溪等县,至沅陵折向东北,经桃源、常德注入洞庭湖。沅江全长 1 033 km,流域面积 8.95 万 km²,省内面积 5.19 万 km²。流域内河网发育,支流较多,湖南境内 5 km 以上的河流有 1 491 条。沅江自河源至洪江市黔城镇属上游,多高山深谷。黔城镇至沅陵为中游,为丘陵地区。沅陵以下称下游,桃源以下为冲积平原。常德德山为沅江河口,德山以下为沅江的尾间。沅江流域南北较长,东西较窄。左岸支流较多,主要有潕水、辰水、武水、酉水。右岸主要有渠水、巫水、溆水。沅江流域多崇山峻岭,坡度大、峡谷多、滩险多、水流湍急。

延溪河是沅水一级支流,发源于桃源县迥龙山,流经蓝家桥、三里溪水库、三阳港以及深水港等地,于桃源县城汇入沅水。流域面积 419 km²,河长 48 km,河流平均比降 1.27‰。

白洋河位于湖南省常德市桃源县境内,呈南北走向,源出慈利县云竹山,经龙潭河入桃源黄石水库,出大坝后在九溪镇左纳九溪、右纳理公河,东流至漆河镇(支流麻溪河在漆河镇汇入白洋河)、浯溪河乡,纳麻溪,南经枫树维吾尔族回族乡于延泉村入沅水。流域面积 1 719 km²,河流长度 105 km,河流坡降 0.838‰。

陬溪河是沅水一级支流,发源于桃源、石门、临澧交界的大垭口,途经桃源彭家湾、马鬃岭以及柳浪坪等地,于常德河洑镇汇入沅水。流域面积 215 km²,河长 45 km,河流坡降 0.89‰。

枉水在常德境内南,东西二源均出自九龙山麓,至草坪镇两汊港汇合,经陡山、草坪、斗姆湖镇响水、二里岗、茅湾至德山注沅水。德山原名枉山(又名枉人山),因枉水而得名。屈原第二次流放时经枉水去辰溪、溆浦,留下了"朝发枉渚兮,夕宿辰阳"的记载。枉水全长 57 km,流域面积 484 km²,河流比降 1.24‰。

2.3.3.4　澧水

澧水流域位于湖南省西北部,西、南以武陵山与沅水为界,北以湘鄂丛山与清水江分流,东临洞庭湖,南北窄而东西长,地势则西北高东南低。澧水有南、中、北三源,以北源为主,发源于湖南省桑植县杉木界,流经桑植、张家界、慈利、石门、临澧、澧县、津市等县市,于小渡口注入西洞庭湖。小渡口以上干流全长390 km,平均坡降0.80‰,流域面积18 583 km²(占洞庭湖水系总集水面积的7.1%)。流域内集水面积大于10 km²、河长5 km以上的各级支流有326条,大于1 000 km²的较大支流有溇水、渫水、道水,分别于慈利、三江口、道河口汇入澧水。主要支流除道水从澧水右岸汇入外,其余多在左岸,两岸流域面积很不对称,左岸约占80%。

道水系澧水下游一级支流,发源于慈利五雷山,流经两河口、石门稻王峪、夏家巷、白洋湖、临澧县城、沔泗洼、澧县大岩厂,从道河口注入澧水,全长101 km,集水面积1 364 km²,平均坡降0.97‰。

2.3.4　四口河系

长江宜昌以上约有100万 km²集水面积,流入下游的荆江。荆江河段全长347.2 km,河道呈西北—东南走向,以藕池口为界,荆江分为上荆江与下荆江,上荆江长约171.1 km,河段较为稳定,属弯曲分汊型河道;下荆江全长175.5 km,裁弯前曲折率为28.3,河道蜿蜒曲折,且与洞庭湖关系复杂。四口河系是长江荆江向洞庭湖分流河道,包括松滋河、虎渡河、藕池河和华容河,全长946.7 km,两岸均为堤防,河道空间面积376.4 km²(表2-6)。

表2-6　四口河系基本情况表

河名			河道范围	河道长度(km)		
主流	支河	串河		合计	湖南	湖北
松滋河			起于陈二口	374.3	139.1	235.2
	口门段		陈二口—大口	23	0	23
	松滋西河		大口—杨家垱	82.9	0	82.9
	松滋东河		大口—余家岗	87.7	0	87.7
	松滋东支		下河口—小望角	42	42	0
	松滋中支		余家岗—张九台	28.9	28.9	0
	松滋西支		青龙窖—汇口	35.5	35.5	0
	松滋洪道		小望角—新开口	6	6	0

河名			河道范围	河道长度（km）		
主流	支河	串河		合计	湖南	湖北
		莲支河	松东肖家咀—松西沙口子	6	0	6
		官支河	松东同丰尖—松东蒲田咀	23	0	23
		中河口河	八姓公—黑狗垱	2	0	2
		葫芦坝串河	松东下河口—松西尖刀咀	5.3	5.3	0
		苏支河	松西双河场—松东港关	10.6	0	10.6
		彭家港串河	下毛家渡—七里湖	6.5	6.5	0
		五里河	澧水洪道七里湖—松中支张九台	14.9	14.9	0
虎渡河			太平口—松虎合流肖家湾	151.6	61	90.6
藕池河			起于藕池口郑家码头	360	286.5	73.5
	藕池东支		藕池口镇—新洲	91	52	39
	藕池西支		藕池倪家塔—藕池中支下柴市	86	67	19
	藕池中支		藕池东支黄金咀—茅草街	98	83	15
		鲇鱼须	东支殷家洲—东支九斤麻	26	25.5	0.5
		陈家岭	中支陈家岭—中支北河口	20	20	0
		沱江	南县城关—茅草街	39	39	0
华容河			调弦口—六门闸	60.8	48.8	12.0
小计				946.7	535.4	411.3

2.3.4.1 松滋河

松滋河为长江干堤溃口形成的一条分泄长江之水流入洞庭湖的河流。根据史料记载,1870年长江在黄家铺(今沙道观)溃口后,堵口修筑不牢;1873年大水,黄家铺复溃,同时冲开庞家湾(今新江口),以后再未堵口,形成现在的松滋河。

松滋口到大口河段长度为23.0 km,松滋河在大口分为东西二河。

西河在湖北省内自大口经新江口、狮子口到杨家垱,长82.9 km,从杨家垱进入湖南省后,经马公湖、瓦窑河与松滋东河汇合。东河在湖北省境内自大口经沙道观、中河口、林家厂到余家岗进入湖南省,长87.7 km;中河口往东有一长2 km的支河经黑狗垱与虎渡河连通,东河主流则经南平、沙窝、黄金堤,至甘家厂后进入湖南境内,在瓦窑河与松滋西河相汇合。

松滋东西两河在瓦窑河汇合后又分为东支(大湖口河)、中支(自治局河)、西支(官垸河)三支,三支均向南流,在张九台与五里河相汇后流经安乡、白蚌口、武圣宫,至肖家湾与澧水汇合。东支(大湖口河)从下河口经王守寺、青石碑、马坡湖、香炉脚、大湖口、金龟堡,到小望角,全长42 km。中支(自治局河)从余家岗经青龙窖、三汊垴、夹夹,至张九台与五里河交汇,全长28.9 km。西支(官垸河)从青龙窖经余家台、官垸码头、乐府拐、濠口、汇口入五里河,全长35.5 km。汇口至张九台一段五里河,长约3.2 km。松虎合流段由新开口经小河口于肖家湾汇入澧水洪道,长21.2 km。

松滋河网有7条串河,分别为:沙道观附近西支与东支之间的串河莲支河,长6 km;南平镇附近西支流向东支的串河苏支河,长10.6 km;曹咀垸附近松东河支汉官支河,长23 km;中河口附近东支与虎渡河之间的串河中河口河,长2 km;尖刀咀附近东支和西支之间的葫芦坝串河(瓦窑河),长5.3 km;官垸河与澧水洪道之间在彭家港、濠口附近的两条串河,分别长6.5 km、14.9 km。

2.3.4.2 虎渡河

虎渡河入口为太平口,从太平口分泄江水,经弥陀寺、黄金口,至黑狗垱,松滋东支河口汇入,再经黄山头南闸进入湖南境内,经大杨树、董家垱、陆家渡,至小河口与松滋河汇合。在湖北境内从太平口至黄山头南闸全长90.6 km。在湖南省境内从南闸至新开口全长61 km,又称陆家渡河。

2.3.4.3 藕池河

藕池口位于长江干流新厂水位站下游约10 km、湖北省石首市和公安县交接的天心洲附近。藕池河1852年溃口未加修复,至1860年长江大水,溃口以下逐渐冲成大河,即成藕池河系。藕池河支流较多,入口为康家岗及管家铺二口,其下又分为若干支流。从其分合关系,习惯分东支、中支、西支三条支流,跨越湖北公安、石首和湖南南县、华容、安乡五县(市),总长约 360 km。

藕池东支经管家铺、老山咀、黄金咀、江坡渡、梅田湖、扇子拐、南县城关、九斤麻、罗文窖、北景港、文家铺、明山头、胡子口、复兴港、注滋口、刘家铺、新洲注入东洞庭湖,全长 91 km,称藕池东支。东支至华容县集成安合垸北端殷家洲分为两支,一支往东,经鲇鱼须、宋家咀、沙口、县河口至九斤麻,全长 26 km,称鲇鱼须河。东支到九斤麻与鲇鱼须河汇合后又一支往南,一支往东,形成 X 型,往南的称沱江(已经建闸控制),经乌嘴、小北洲、中鱼口、沙港市、三仙湖、八百弓,至茅草街东侧入南洞庭湖,沱江全长 39 km;往东自九斤麻以下称注滋口河,为藕池东支主流。

藕池西支,又称安乡河或官垱河,自康家岗沿荆江分洪区南堤经官垱、曹家铺、麻河口、鸿宝局、下柴市、厂窖、三岔河至下狗头洲,全长 86 km。

藕池东支在黄金咀有一支流往南下,称藕池中支。中支自黄金咀经团山寺至陈家岭分为东、西两支,西支称陈家岭河,东支称施家渡河,经过南鼎垸后,在华美垸尾端两支相汇后南下,经荷花咀、下游港,至下柴市与藕池西支相汇,又经三岔河,至茅草街西侧与澧水合流入目平湖。

2.3.4.4 华容河

华容河全长约 60.8 km,自调弦入口在湖北石首市沿桃花山西麓蜿蜒南行 12 km 进入湖南省华容县境内,再南行 18 km 后,在华容县城以下分为南、北两支,北支为主流,长 23.7 km,南支长 24.9 km,两支在罐头尖汇合,经君山区钱粮湖农场于六门闸注入东洞庭湖。按北支支流计算,全长 60.8 km,其中流经湖北石首市 12 km,华容县 35.5 km,君山区钱粮湖农场 13.3 km。

2.3.5 其他主要河流

除湘水、资水、沅水和澧水等河流以外,直接流入洞庭湖的河长 5 km 以上河流共有 403 条,其中以汩罗江最大,新墙河次之。

汩罗江发源于江西省修水县梨树塌,流经修水县,于平江县长寿街入湖南省境,经黄旗段、长乐街,至汩罗县磊石山注入东洞庭湖,干流长 252 km,流域总面积 5 540 km²,其中湖南省内 5265.3 km²。河流平均坡降 0.460‰。

新墙河发源于平江县宝贝岭,流经平江县硬树坪、板江、洞口,岳阳县平头铺、中洲、王家台、宗湖祠、望云台、上大堤、晏岩村、王家方和何家段,于岳阳荣家湾入洞庭湖,流域总面积 2 370 km²,干流长 108 km。河流平均坡降 0.718‰。

洈水是洞庭湖四口水系松西河的支流,位于湖北省西南部和湖南省西北部交界处,属湖北省松滋市西南部。浣水发源于湖北五峰清水湾,集水面积 1 975 km²,河长 172 km,河流平均坡降 4.20‰,处于暴雨区范围内,雨量充沛,多年平均来水 6.84 亿 m³。

2.4 水利工程

2.4.1 长江水库群

长江三峡以上水库水电站工程有 30 座,包括金沙江中游的梨园、阿海、金安桥、龙开口、鲁地拉、观音岩,雅砻江的两河口、锦屏一级、二滩,金沙江下游的乌东德、白鹤滩、溪洛渡、向家坝,岷江的下尔呷、双江口、瀑布沟、紫坪铺,嘉陵江的碧口、宝珠寺、亭子口、草街,乌江的洪家渡、东风、乌江渡、构皮滩、思林、沙沱、彭水,以及长江三峡、葛洲坝(如图 2-3 所示)。30 座水库总库容 1 566 亿 m³,防洪库容 519 亿 m³(详见表 2-7)。

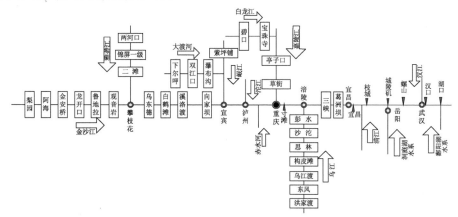

图 2-3 长江上游 30 座水库群示意图

表 2-7 长江上游流域控制性水库群参数表

水系名称	水库名称	正常蓄水位(m)	兴利库容(亿 m³)	防洪库容(亿 m³)	装机容量(MW)	建设情况
长江	三峡	175	165	221.5	22 500	已建
	葛洲坝	66	0.86		2 715	已建
金沙江	梨园	1 618	1.73	1.73	2 400	已建
	阿海	1 504	2.38	2.15	2 000	已建
	金安桥	1 418	3.46	1.58	2 400	已建

续表

水系名称	水库名称	正常蓄水位（m）	兴利库容（亿 m³）	防洪库容（亿 m³）	装机容量（MW）	建设情况
金沙江	龙开口	1 298	1.13	1.26	1 800	已建
	鲁地拉	1 223	3.76	5.64	2 160	已建
	观音岩	1 134	5.55	5.42/2.53	3 000	已建
	乌东德	975	30.2	24.4	10 200	在建
	白鹤滩	825	104.36	75	16 000	在建
	溪洛渡	600	64.62	46.51	13 800	已建
	向家坝	380	9.03	9.03	6 400	已建
雅砻江	两河口	2 865	65.6	20	3 000	在建
	锦屏一级	1 880	49.11	16	3 600	已建
	二滩	1 200	33.7	9	3 300	已建
岷江	紫坪铺	877	7.74	1.67	760	已建
	下尔呷	3 120	19.24	8.7	540	拟建
	双江口	2 500	19.17	6.63	2 000	在建
	瀑布沟	850	38.94	11/7.3	3 600	已建
乌江	洪家渡	1 140	33.61		600	已建
	东风	970	4.91		695	已建
	乌江渡	760	9.28		1 250	已建
	构皮滩	630	29.02	4.0	3 000	已建
	思林	440	3.17	1.84	1 050	已建
	沙沱	365	2.87	2.09	1 120	已建
	彭水	293	5.18	2.32	1 750	已建
嘉陵江	碧口	704	1.46	0.83/1.03	300	已建
	宝珠寺	588	13.4	2.8	700	已建
	亭子口	458	17.32	14.4	1 100	已建
	草街	203	0.65	1.99	500	已建

2.4.2 四水水库群

湖南省现有大型水库24座(不包括缺乏调节性能的径流式电站)，其中湘水流域12座(双牌、欧阳海、东江、水府庙、涔天河、洮水、酒埠江、青山垅、黄材、株树桥、官庄、晒北淮),资水流域 2 座(柘溪、六都寨),沅水流域 6 座(五强溪、凤滩、黄石、竹园、白云、托口),澧水流域 3 座(江垭、王家厂、皂市),洞庭湖区 1 座(铁山)。除此之外,湘江航电枢纽作为湘江重要控制工程,也是湘江主要调蓄水库。对四水入洞庭湖有直接调节作用的水库有江垭、皂市、柘溪、五强溪。

柘溪防洪库容 10.52 亿 m³。调度考虑柘溪下游的区间洪水的预报。当区间洪水极小或没有洪水时,只考虑区间基流 500 m³/s,而柘溪水库任何时候均以不超过 8 500 m³/s 的流量控制下泄,维持桃江站流量 9 000 m³/s,防洪库容蓄满后,维持坝前水位不变以控制来水下泄。当区间已形成洪水流量不大于 8 200 m³/s 时,以控制桃江站流量 12 000 m³/s 进行补偿调度。当区间来水大于 8 200 m³/s 时,即以控制桃江站流量 12 000 m³/s 进行补偿,防洪库容蓄满后,维持水库水位不变,按入库流量下泄。而当来水大于 11 200 m³/s,即按入库流量下泄。

五强溪防洪库容 13.6 亿 m³。每年 5 月 1 日至 7 月 31 日,库水位在防洪限制水位 98.00 m 运行。库水位 108.00 m 以下,按满足尾闾防洪要求调度。当库水位达到或超过 108.00 m,入库流量大于该水位的泄流能力时,泄洪建筑物全部开启;入库流量小于该水位的泄流能力时按入库流量下泄。暂不考虑预报预泄,任何情况下,下泄流量不得超过本次洪水的最大入库流量。

表 2-8　湖南省大(1)型水库库容曲线表　　水位:m,库容:亿 m³

东江		柘溪				五强溪				凤滩		江垭	
水位	容积	水位	容积	水位	容积	水位	容积	水位	容积	水位	容积	水位	容积
170	0.1	100	0.1	161	19.3	60	0.24	101	19.675	130	0.05	140	0.07
190	2.05	110	0.55	162	20.4	65	0.8	102	20.925	150	0.96	150	0.31
200	4.41	120	1.5	163	21.6	70	1.57	103	22.243	170	3.3	160	0.88
210	7.9	130	3.3	164	22.8	75	2.8	104	23.631	185	6.7	170	1.77
222	14	140	6.1	165	24	80	4.52	105	25.083	190	3.22	180	2.94
230	19.17	144	7.62	166	25.2	85	6.6	106	26.61	193	9.19	190	4.38
237	24.5	145	8.02	167	26.6	86	7.343	107	28.203	195	9.86	200	6.1
240	26.8	146	8.42	167.5	27.2	87	7.878	108	29.843	197	10.57	210	8.2
250	36	147	8.855	168	28	88	8.434	109	31.545	200	11.7	220	10.71
260	47	148	9.35	169	29.4	89	9.035	110	33.348	202	12.52	230	13.72
266	54.12	149	9.85	170	31	90	9.692	111	35.27	205	13.9	240	17.26

东江		柘溪				五强溪				凤滩		江垭	
280	73.5	150	10.42	171	32.6	91	10.368	112	37.22	207	14.86	250	21.31
284	79.62	151	11.02	171.2	32.9	92	11.068	113	39.2	209	15.93		
285	81.2	152	11.64	172	34.3	93	11.815	114	41.37	210	16.5		
286	82.82	153	12.34	172.7	35.7	94	12.586	115	43.724				
288	86.14	154	13.04	173	36.4	95	13.377	116	46.125				
290	89.5	155	13.74	174	38.3	96	14.255	117	48.676				
		156	14.56	175	40.6	97	15.207	118	51.42				
		157	15.46	176	43.3	98	16.238	119	54.271				
		158	16.36			99	17.345	120	57.35				
		159	17.26			100	18.49						
		160	18.2										

江垭防洪库容 7.4 亿 m³;皂市防洪库容 7.83 亿 m³。规划皂市水库与江垭水库、宜冲桥水库(拟建)联合防洪调度,以配合整体防洪,使松澧地区防洪标准近期为 20 年一遇,远景达到 50 年一遇,三江口洪峰流量基本控制在 12 000 m³/s 以内。目前澧水干流宜冲桥水库未进行建设,澧水尾闾防洪存在不确定性。

2.4.3 库群的作用与影响

长江及四水上游的水库群,调节了洞庭湖洪水、水沙,由于长江集水面积约 5 倍于四水,以三峡水库为主的库群调节长江洪水和水沙条件对洞庭湖的影响尤为明显;四水洪水汇集时间较短而快,四水水库主要针对洪峰进行调节。

一是防洪方面,长江洪峰减小,同类型洪水的过程延长,宜昌洪水 4 天左右抵达城陵矶;受干流螺山卡口河段约束,在洞庭湖出口城陵矶附近维持偏高水位的几率增加;加上集水面积大、长江洪水过程长,连续多场次洪水一般延续 30 天以上。而四水及洞庭湖区间洪水多在降水的 3 天内随机发生并快速入湖。由此,四水及洞庭湖区间洪水遭遇城陵矶较高的洪水位,对洞庭湖防汛时间延长、达到防洪保证水位的影响在 2016 年、2017 年、2020 年有明显体现。

二是水沙条件改变导致洞庭湖水资源与湖泊形象的改变。随着水库调节后的径流过程坦化,宜昌流量不超过 8 000 m³/s 的时间延长,干流河道清水冲刷水位降低,三口分流减少并主要维持松滋口一个口门分流的情况呈长期趋势,断流将在除松滋河西支以外的地方进一步发展。此外,清水冲刷导致三口河道历史上淤积的泥沙再输运,过流机会更多的河道如松滋河主干道,深槽可能进一步发展;过流机会较少的河道如藕池河系中下游河道,则可能因为上游泥沙向下游输运淤积而逐渐平坦,并随着过水机会减少转向平原陆地,当前藕池河中西支已呈现这种状态。

对于湖泊而言,水位不断下降,入湖水量减少且调蓄时间缩短,以及出流能力加大,均减少了水面面积和湖泊蓄水量,使洲滩湿地淹水时间减少,洲滩出露时机增加,较高洲滩出现长期不过水情形,土壤含水量减少,退水时间缩短。随着水流归槽作用不断演化,湖泊河道化加剧,当前这一影响在七里湖—澧水洪道—目平湖的西洞庭湖范围表现明显,在清水冲刷作用下,这一趋势将向洲滩发育巨大的南洞庭湖和东洞庭湖延伸。

在三峡水库及其上游水库联合运行后,长江中下游坝下冲刷将会维持更长的时间,现状江湖关系条件下中低水位下降的趋势难以改变。目前枝城流量6 000 m³/s 情况下,三口仅松滋河西支不断流,太平口、藕池口均断流,枯水期洞庭湖水域将仅由湘资沅澧和松滋西支等具备水源条件的水面组成,水位下降趋势下洞庭湖持续萎缩的趋势不可避免。

2.5 社会经济

洞庭湖区所涉湖南 6 个地级市是湖南省经济重心,是湖南经济最发达的地区,不仅有长株潭城市群,另外 3 市也环绕长株潭城市群,均在"3+5"城市群一体化范围内。湖北荆州市是鄂中南地区中心城市和我国中部主要的工业生产基地,近年来经济发展成效显著,经济增长速度在 10% 以上。截至 2018 年底,洞庭湖区 7 市具体社会经济状况见表 2-9。

表 2-9 洞庭湖区经济社会概况表

地市	县市	土地面积 (km²)	常住人口 (万人)	城镇化率 (%)	地区生产总值 (亿元)	产业结构(万元)			地方财政收入 (亿元)	社会消费品零售总额 (亿元)
						第一产业	第二产业	第三产业		
长沙市	芙蓉区	21.20	58.95	100.00	1 326.734 3	215	875 935	12 391 193	29.340 2	890.42
	天心区	22.09	66.96	96.64	1 019.152 3	13 936	2 709 321	7 468 266	41.355 0	550.40
	岳麓区	27.81	89.30	88.90	1 102.231 8	101 707	4 254 994	6 845 617	33.978 1	400.60
	开福区	28.05	66.48	97.85	1 045.197 6	11 184	1 508 475	8 932 317	40.882 1	737.47
	雨花区	28.55	92.74	97.74	1 888.156 9	52 811	9 441 791	9 386 967	54.686 4	761.24
	长沙县	299.57	108.89	68.44	1 509.325 8	640 105	9 300 788	5 152 365	102.213 4	519.88
	望城区	204.20	66.52	64.39	671.423 3	403 990	4 445 887	1 864 356	49.661 5	196.07
	宁乡市	290.59	130.50	61.19	1 113.742 2	1 009 282	6 595 974	3 532 166	47.311 6	360.17
株洲市	荷塘区	15.22	29.53	95.19	219.390 8	37 647	812 148	1 344 113	4.384 3	57.86
	芦淞区	6.67	29.22	85.80	380.719 6	53 520	1 040 484	2 713 192	4.765 2	291.25
	石峰区	33.30	36.95	94.18	301.546 2	48 811	2 057 075	909 576	7.908 1	70.77
	天元区	22.50	33.17	82.24	374.571 0	100 368	1 560 903	2 084 439	48.537 8	129.41
	渌口区	138.13	30.31	49.55	136.391 5	209 222	599 132	555 561	7.513 5	40.90
湘潭市	雨湖区	22.11	60.46	84.70	610.277 2	135 134	2 616 741	3 350 897	8.173 5	319.22
	岳塘区	20.60	47.83	95.67	600.083 3	52 980	3 230 563	2 717 290	13.643 7	115.34
	湘潭县	251.30	86.85	45.85	446.457 3	512 126	2 295 732	1 656 715	17.875 9	96.00

续表

地市	县市	土地面积（km²）	常住人口（万人）	城镇化率（%）	地区生产总值（亿元）	产业结构（万元）			地方财政收入（亿元）	社会消费品零售总额（亿元）
						第一产业	第二产业	第三产业		
岳阳市	岳阳楼区	19.97	91.18	92.08	970.097 7	103 507	2 683 550	6 913 920	11.835 2	627.10
	云溪区	104.17	19.23	66.15	328.434 1	84 349	240 3751	796 241	3.515 8	27.66
	君山区	623.18	26.11	58.83	143.531 2	259 852	563 729	611 731	3.033 1	31.29
	岳阳县	541.94	74.42	50.67	327.981 6	465 545	1 508 152	1 306 119	6.061 1	112.07
	华容县	1 610.23	73.63	49.45	344.369 8	629 934	1 488 390	1 325 374	5.801 7	113.59
	湘阴县	767.49	71.03	51.11	331.826 0	492 794	1 522 046	1 303 420	10.447 2	105.90
	汨罗市	501.04	72.39	56.98	464.192 2	463 680	2 421 685	1 756 557	10.563 1	108.63
	临湘市	428.69	52.17	52.54	266.578 3	279 821	1 269 051	1 116 911	5.427 3	78.91
常德市	武陵区	237.99	74.59	90.72	1 416.794 7	74 064	7 347 664	6 746 219	12.085 6	282.50
	鼎城区	735.40	82.76	53.11	340.815 5	559 998	943 576	1 904 581	13.775 9	207.92
	安乡县	1 086.89	53.15	44.70	193.024 6	319 324	610 785	1 000 137	3.457 5	78.82
	汉寿县	1 462.16	81.07	42.64	297.731 0	441 859	931 771	1 603 680	7.396 2	88.65
	澧县	622.50	78.12	47.68	358.027 1	451 280	1 156 686	1 972 305	10.601 9	144.81
	临澧县	240.69	43.04	48.75	178.231 3	302 632	564 543	915 138	4.632 5	69.13
	桃源县	668.75	85.09	42.59	368.729 7	733 269	1 190 292	1 763 736	13.053 1	181.71
	津市市	474.60	26.19	67.66	158.158 9	184 764	722 392	674 433	4.319 4	73.74
	石门县	198.52	58.71	46.91	278.219 2	384 766	1 019 856	1 377 570	8.780 3	133.47

续表

地市	县市	土地面积（km²）	常住人口（万人）	城镇化率（%）	地区生产总值（亿元）	产业结构（万元）			地方财政收入（亿元）	社会消费品零售总额（亿元）
						第一产业	第二产业	第三产业		
益阳市	资阳区	457.92	42.16	58.85	176.525 4	210 448	656 394	898 412	5.716 7	65.48
	赫山区	264.83	89.85	66.51	566.882 3	397 142	2 731 557	2 540 124	11.697 9	237.98
	南县	1 438.10	74.20	49.22	262.308 2	587 179	709 846	1 326 057	5.574 1	96.19
	桃江县	206.84	79.43	48.66	271.688 3	365 360	1 060 281	1 291 192	7.571 5	105.17
	沅江市	2 029.07	69.77	53.02	309.873 3	518 076	1 088 889	1 491 768	6.590 1	99.85
荆州市	荆州区	166.00	58.39		.280.44	71.13			14.432 2	186.32
	松滋市	702.00	76.87		285.05	72.13			11.840 3	150.70
	公安县	2 234.00	84.45		270.91	113.35			9.207 2	176.22
	石首市	850.00	54.46		186.25	67.37			5.922 8	125.82

第三章　洞庭湖水文情势

3.1　水文情势变化分析

3.1.1　长江干流控制站水沙变化分析

3.1.1.1　宜昌站

3.1.1.1.1　年径流量

本研究根据收集的资料，统计长江干流宜昌站不同时段径流量及其变化，成果见表 3-1。由表 3-1 可知，与三峡水库运用前相比，宜昌站多年平均径流量在三峡水库运用后减少 266.2 亿 m³，变化幅度为 6.1%；从各个月变化幅度来看，1—5 月、12 月各月多年平均径流量增加，2 月份变化幅度最大，为 42.1%；6—11 月各月多年平均径流量减少，10 月份变化幅度最大，为 25.6%。

下文根据宜昌站实测流量的长时间序列资料，分析长江干流水情的趋势性、突变性等规律。

（1）趋势性规律

① 滑动平均分析

根据宜昌站 1981—2018 年实测资料，宜昌站多年平均年径流量为 4 246 亿 m³，多年年径流量序列及其滑动平均过程见图 3-1。由图 3-1 可知，宜昌站年径流量在 1981—1997 年处于下降期，1998—2005 年较为平稳，2006—2015 年再次处于下降期，2016 年后进入上升期。其中，2006 年年径流量是序列中的最小值，只有 2 848 亿 m³；1998 年年径流量是序列中的最大值，达到 5 235 亿 m³。三峡水库运用后，2003—2018 年间大部分年份的年径流量较多年平均年径流量 4 246 亿 m³ 偏小，其中最大值是 2018 年的 4 730 亿 m³。由滑动平均过程可知，宜昌站年径流量系列总体呈减少趋势，2015 年后呈增加趋势。

表 3-1　干流宜昌站不同时段各月多年平均径流量及其变化表

单位:亿 m³,%

时段		1 月	2 月	3 月	4 月	5 月	6 月	7 月
运用前 (1981—2002 年)		118.0	97.6	122.1	179.4	298.1	473.2	838.3
运用后 (2003—2018 年)		155.5	138.7	166.8	213.7	343.6	446.3	726.0
变化值	径流量	37.5	41.0	44.7	34.4	45.5	−26.8	−112.3
	百分比	31.8	42.1	36.6	19.2	15.3	−5.7	−13.4
时段		8 月	9 月	10 月	11 月	12 月	年	
运用前 (1981—2002 年)		708.6	637.2	462.9	251.3	157.4	4 357.5	
运用后 (2003—2018 年)		621.5	532.3	344.6	238.7	165.4	4 091.4	
变化值	径流量	−87.0	−104.8	−118.3	−12.5	8.0	−266.2	
	百分比	−12.3	−16.5	−25.6	−5.0	5.1	−6.1	

注:表中数据四舍五入,取约数。

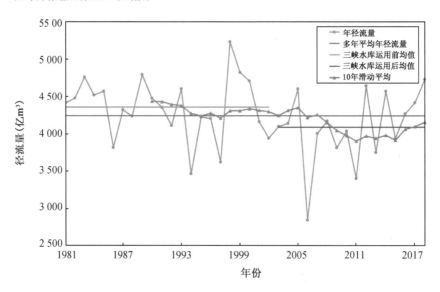

图 3-1　宜昌站 1981—2018 年年径流量序列及其滑动平均过程图

② 数理统计检验

进行数理统计检验时,假设水文时间序列资料趋势均为不显著,显著性水平 α 均取 0.05。Mann-Kendall 检验中,若统计值 $Z>0$,序列呈增加趋势,若 $Z<0$,

序列呈减少趋势;当 $|Z| \geqslant Z_{1-\alpha/2}$ 时,则原假设不可接受,即在显著性水平 α 上,水文时间序列资料存在明显的增加或减少趋势;显著性水平取 0.05 时,查表得 $Z_{1-\alpha/2}$ 为 1.64。Kendall 检验中,若统计值 $U>0$,序列呈增加趋势;若 $U<0$,序列呈减少趋势;当 $|U| \geqslant U_{\alpha/2}$ 时,则原假设不可接受,即在显著性水平 α 上,水文时间序列资料存在明显的增加或减小趋势;显著性水平取 0.05 时,查表得 $U_{\alpha/2}$ 为 1.96。

宜昌站 1981—2018 年年实测径流量系列 Mann-Kendall 检验和 Kendall 检验结果见表 3-2。由该表可知,宜昌站年径流量呈不显著减少趋势。

表 3-2　宜昌站 1981—2018 年年径流量变化趋势检验结果

类别	Mann-Kendall 检验	Kendall 检验	变化趋势
年径流量	−1.51	−1.6	不显著减少

（2）突变性规律

Mann-Kendall 检验方法中,UF 和 UB 两条曲线出现交点且交点在临界直线之间,那么交点相对应的时刻就是被检验序列突变开始的时刻。宜昌站径流量的 Mann-Kendall 检验统计见图 3-2。由该图可知,宜昌站年径流量序列存在多个突变点,集中在 1990 年前后。

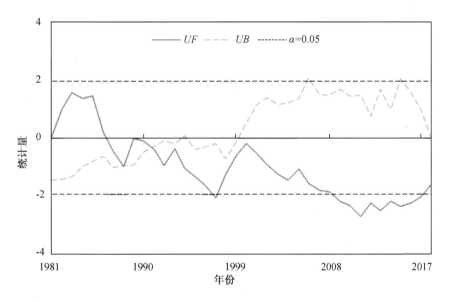

图 3-2　宜昌站 1981—2018 年年径流量序列 Mann-Kendall 检验统计

3.1.1.1.2　年输沙量

根据收集的资料,统计长江干流宜昌站不同时段输沙量及其变化,成果见表 3-3。与三峡水库运用前相比,宜昌站多年平均输沙量在三峡水库运用后减少

42 353 万 t,变化幅度为 92.2%。

表 3-3　干流宜昌站不同时段多年平均输沙量及其变化表　　　单位:万 t,%

时段		输沙量及其变化
三峡水库运用前(1981—2002 年)		45 936
三峡水库运用后(2003—2018 年)		3 583
变化值	输沙量	−42 353
	百分比	−92.2

下文根据宜昌站实测长时间序列资料,分析长江干流输沙量变化的趋势性、突变性等规律。

(1)趋势性规律

① 滑动平均分析

根据宜昌站 1981—2018 年实测资料,宜昌站多年平均年输沙量为 28 103 万 t,多年年输沙量序列及其滑动平均过程见图 3-3。由该图可知,宜昌站年输沙量在 1981—2017 年处于下降期(除 1998 年,可能受流域大洪水影响年输沙量达 74 3000 万 t),特别是三峡水库运用后,宜昌站年输沙量开始快速减少,2000 年输沙量为 39 000 万 t,2006 年减少至 909 万 t,此后年输沙量在 2 000 万 t 上下波动。由滑动平均过程可知,宜昌站年输沙量系列总体呈减少趋势。

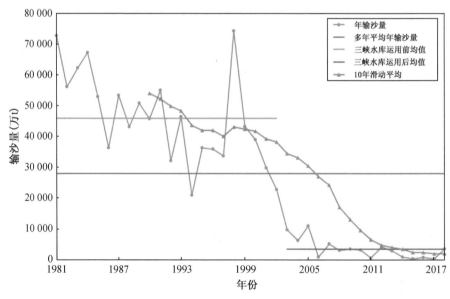

图 3-3　宜昌站 1981—2018 年年输沙量序列及其滑动平均过程图

② 数理统计检验

宜昌站 1981—2018 年年输沙量系列 Mann-Kendall 检验和 Kendall 检验结果见表 3-4。由表可知,宜昌站年输沙量呈显著减少趋势。

表 3-4　宜昌站 1981—2018 年年输沙量变化趋势检验结果

类别	Mann-Kendall 检验	Kendall 检验	变化趋势
年输沙量	−6.63	−6.65	显著减少

（2）突变性规律

Mann-Kendall 检验方法中,UF 和 UB 两条曲线出现交点且交点在临界直线之间,那么交点相对应的时刻就是被检验序列突变开始的时刻。宜昌站年输沙量的 Mann-Kendall 检验统计见图 3-4。由该图可知,宜昌站年输沙量序列显著减少,但没有突变点。

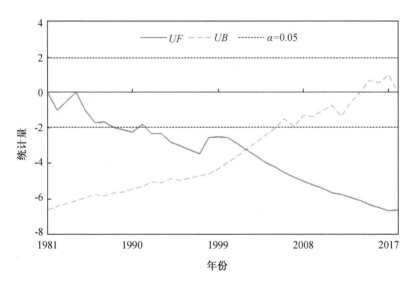

图 3-4　宜昌站 1981—2018 年年输沙量序列 Mann-Kendall 检验统计

3.1.1.2 枝城站

3.1.1.2.1 年径流量

根据收集的资料,统计长江干流枝城站不同时段径流量及其变化,成果见表 3-5。与三峡水库运用前相比,枝城站多年平均径流量在三峡水库运用后减少 144.2 亿 m^3,变化幅度为 3.3%;从各个月变化幅度来看,1—5 月、12 月各月多年平均径流量偏大,2 月份变化幅度最大,为 41.6%;6—11 月各月多年平均径流量偏少,10 月份变化幅度最大,为 19.3%。

表 3-5　干流枝城站不同时段各月多年平均径流量及其变化表

单位:亿 m³,%

时段		1月	2月	3月	4月	5月	6月	7月
运用前 (1992—2002 年)		123.1	103.8	129.7	181.3	310.2	493.2	838.3
运用后 (2003—2018 年)		165.3	147.0	176.0	223.4	351.7	454.2	732.0
变化值	径流量	42.2	43.2	46.2	42.1	41.5	−38.9	−106.3
	百分比	34.3	41.6	35.6	23.3	13.4	−7.9	−12.7
时段		8月	9月	10月	11月	12月	年	
运用前 (1992—2002 年)		736.1	570.5	436.1	248.2	156.1	4 329.4	
运用后 (2003—2018 年)		626.7	539.0	351.8	245.2	174.8	4 185.3	
变化值	径流量	−109.3	−31.5	−84.3	−3.0	18.8	−144.2	
	百分比	−14.9	−5.5	−19.3	−1.2	12.0	−3.3	

注:表中数据四舍五入,取约数。

下文根据枝城站实测流量的长时间序列资料,分析长江干流水情的趋势性、突变性等规律。

(1) 趋势性规律

① 滑动平均分析

根据枝城站 1981—2018 年实测资料,枝城站多年平均年径流量为 4 336 亿 m³,多年年径流量序列及其滑动平均过程见图 3-5。由该图可知,枝城站年径流量在 1981—1997 年处于下降期,1998—2005 年较为平稳,2006—2015 年再次处于下降期,2016 年后进入上升期。其中,2006 年年径流量是序列中的最小值,只有 2 928 亿 m³;1998 年年径流量是序列中的最大值,达到 5 363 亿 m³。三峡水库运用后,2003—2018 年间大部分年份的年径流量较多年平均年径流量 4 336 亿 m³ 偏小,其中最大值是 2018 年的 4 810 亿 m³。由滑动平均过程可知,枝城站年径流量系列总体呈减少趋势,2015 年后呈增加趋势。

② 数理统计检验

枝城站 1981—2018 年年实测径流量系列 Mann-Kendall 检验和 Kendall 检验结果见表 3-6。由该表可知,枝城站年径流量呈不显著减少趋势。

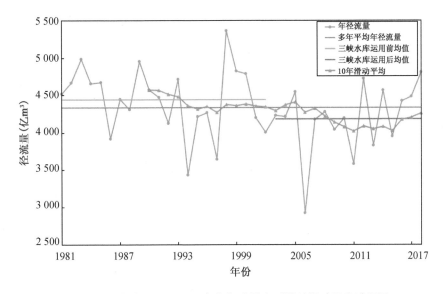

图 3-5　枝城站 1981—2018 年年径流量序列及其滑动平均过程图

表 3-6　枝城站 1981—2018 年年径流量变化趋势检验结果

类别	Mann-Kendall 检验	Kendall 检验	变化趋势
年径流量	−1.56	−1.57	不显著减少

（2）突变性规律

枝城站径流量的 Mann-Kendall 检验统计见图 3-6。由该图可知，枝城站年径流量序列存在多个突变点，集中在 1990 年前后。

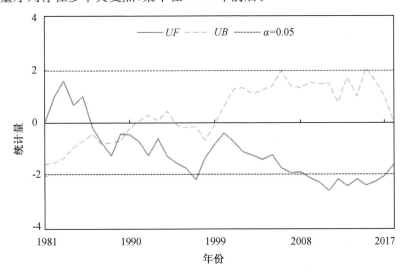

图 3-6　枝城站 1981—2018 年年径流量序列 Mann-Kendall 检验统计

3.1.1.2.2 年输沙量

根据收集的资料,统计长江干流枝城站不同时段输沙量及其变化,成果见表3-7。与三峡水库运用前相比,枝城站多年平均输沙量在三峡水库运用后减少42 137万 t,变化幅度为90.7%。

表3-7　干流枝城站不同时段多年平均输沙量及其变化表　单位:万 t,%

时段		输沙量及其变化
三峡水库运用前(1981—2002 年)		46 465
三峡水库运用后(2003—2018 年)		43 28
变化值	输沙量	−42 137
	百分比	−90.7

下文根据枝城站实测长时间序列资料,分析长江干流输沙量变化的趋势性、突变性等规律。

(1)趋势性规律

① 滑动平均分析

根据枝城站1981—2018 年实测资料,枝城站多年平均年输沙量为 28 723万 t,多年年输沙量序列及其滑动平均过程见图 3-7。由该图可知,枝城站年输沙量在 1981—2000 年处于下降期,下降速率较平稳,其中最大年输沙量为 1981年的 73 424 万 t;三峡水库运用后,枝城站年输沙量开始快速减少,2000 年输沙

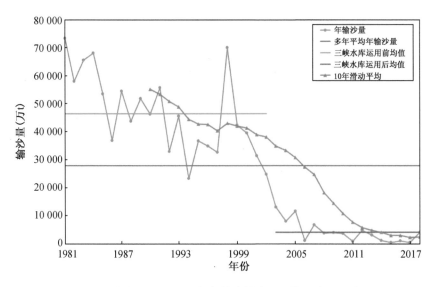

图 3-7　枝城站 1981—2018 年年输沙量序列及其滑动平均过程图

量为 39 600 万 t,2006 年减少至 1 200 万 t,此后年输沙量在 2 800 万 t 上下波动。由滑动平均过程可知,枝城站年输沙量系列总体呈减少趋势。

② 数理统计检验

枝城站 1981—2018 年年输沙量系列 Mann-Kendall 检验和 Kendall 检验结果见表 3-8。由该表可知,枝城站年输沙量呈显著减少趋势。

表 3-8　枝城站 1981—2018 年年输沙量变化趋势检验结果

类别	Mann-Kendall 检验	Kendall 检验	变化趋势
年输沙量	−6.79	−6.81	显著减少

（2）突变性规律

Mann-Kendall 检验方法中,UF 和 UB 两条曲线出现交点且交点在临界直线之间,那么交点相对应的时刻就是被检验序列突变开始的时刻。枝城站年输沙量的 Mann-Kendall 检验统计见图 3-8。由该图可知,枝城站年输沙量序列显著减少,但没有突变点。

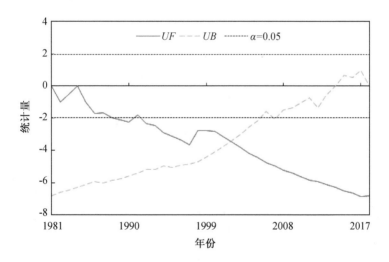

图 3-8　枝城站 1981—2018 年年输沙量序列 Mann-Kendall 检验统计

3.1.1.3　沙市站

3.1.1.3.1　年径流量

根据收集的资料,统计长江干流沙市站不同时段径流量及其变化,成果见表 3-9。与三峡水库运用前相比,沙市站多年平均径流量在三峡水库运用后减少 165.7 亿 m³,变化幅度为 4.1%;从各个月变化幅度来看,1—5 月、12 月各月多年平均径流量偏大,2 月份变化幅度最大,为 33.3%;6—11 月各月多年平均径流量偏少,10月份变化幅度最大,为19.2%。

表 3-9　干流沙市站不同时段各月多年平均径流量及其变化表

单位:亿 m³,%

时段		1月	2月	3月	4月	5月	6月	7月
运用前 (1991—2002 年)		131.4	109.5	135.3	181.1	296.6	440.9	719.2
运用后 (2003—2018 年)		165.2	145.9	175.9	217.0	328.1	407.9	627.2
变化值	径流量	33.8	36.4	40.6	35.9	31.5	−32.9	−91.9
	百分比	25.7	33.3	30.0	19.8	10.6	−7.5	−12.8
时段		8月	9月	10月	11月	12月	年	
运用前 (1991—2002 年)		647.7	509.8	407.1	250.9	167.0	3 997.3	
运用后 (2003—2018 年)		545.5	477.1	329.0	237.9	174.1	3 831.6	
变化值	径流量	−102.3	−32.7	−78.1	−13.0	7.2	−165.7	
	百分比	−15.8	−6.4	−19.2	−5.2	4.3	−4.1	

注:表中数据四舍五入,取约数。

下文根据沙市站实测流量的长时间序列资料,分析长江干流水情的趋势性、突变性等规律。

(1)趋势性规律

① 滑动平均分析

根据沙市站 1981—2018 年实测资料,沙市站多年平均年径流量为 3 951 亿 m³,多年年径流量序列及其滑动平均过程见图 3-9。由该图可知,沙市站年径流量在 1981—1997 年处于下降期,1998—2005 年较为平稳,2006—2015 年再次处于下降期,2016 年后进入上升期。其中,2006 年年径流量是序列中的最小值,只有 2 795 亿 m³;1998 年年径流量是序列中的最大值,达到 4 751 亿 m³。三峡水库运用后,2003—2018 年间大部分年份的年径流量较多年平均年径流量 3 951 亿 m³ 偏少,其中最大值是 2018 年的 4 326 亿 m³。由滑动平均过程可知,沙市站年径流量系列总体呈减少趋势,2015 年后呈增加趋势。

② 数理统计检验

沙市站 1981—2018 年年实测径流量系列 Mann-Kendall 检验和 Kendall 检验结果见表 3-10。由该表可知,沙市站年径流量呈不显著减少趋势。

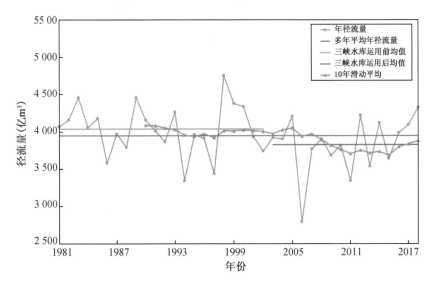

图 3-9　沙市站 1981—2018 年年径流量序列及其滑动平均过程图

表 3-10　沙市站 1981—2018 年年径流量变化趋势检验结果

类别	Mann-Kendall 检验	Kendall 检验	变化趋势
年径流量	−1.47	−1.52	不显著减少

（2）突变性规律

沙市站径流量的 Mann-Kendall 检验统计见图 3-10。由该图可知,沙市站年径流量序列存在多个突变点,集中在 1990 年前后。

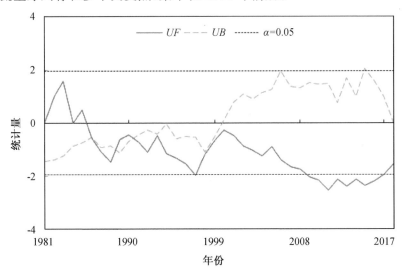

图 3-10　沙市站 1981—2018 年年径流量序列 Mann-Kendall 检验统计

3.1.1.3.2 年输沙量

根据收集的资料,统计长江干流沙市站不同时段输沙量及其变化,成果见表 3-11。与三峡水库运用前相比,沙市站多年平均输沙量在三峡水库运用后减少 35 266 万 t,变化幅度为 86.8%。

表 3-11 干流沙市站不同时段多年平均输沙量及其变化表

时段		输沙量及其变化 (输沙量:万 t,百分比:%)
三峡水库运用前(1981—2002 年)		40 650
三峡水库运用后(2003—2018 年)		5 384
变化值	输沙量	−35 266
	百分比	−86.8

下文根据沙市站实测长时间序列资料,分析长江干流输沙量变化的趋势性、突变性等规律。

(1) 趋势性规律

① 滑动平均分析

根据沙市站 1981—2018 年实测资料,沙市站多年平均年输沙量为 25 801 万 t,多年年输沙量序列及其滑动平均过程见图 3-11。由该图可知,沙市站年输沙量在 1981—2000 年处于下降期,下降速率较平稳,其中最大年输沙量为 1981 年的 61 500 万 t;三峡水库运用后,沙市站年输沙量开始快速减小,2000

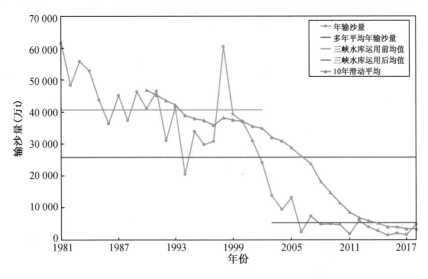

图 3-11 沙市站 1981—2018 年年输沙量序列及其滑动平均过程图

年输沙量为 37 090 万 t,2006 年减小至 2 450 万 t,此后年输沙量在 3 800 万 t 上下波动。由滑动平均过程可知,沙市站年输沙量系列总体呈减少趋势。

② 数理统计检验

沙市站 1981—2018 年年输沙量系列 Mann-Kendall 检验和 Kendall 检验结果见表 3-12。由表可知,沙市站年输沙量呈显著减少趋势。

表 3-12　沙市站 1981—2018 年年输沙量变化趋势检验结果

类别	Mann-Kendall 检验	Kendall 检验	变化趋势
年输沙量	−6.66	−6.67	显著减少

(2)突变性规律

Mann-Kendall 检验方法中,UF 和 UB 两条曲线出现交点且交点在临界直线之间,那么交点相对应的时刻就是被检验序列突变开始的时刻。沙市站年输沙量的 Mann-Kendall 检验统计见图 3-12。由该图可知,沙市站年输沙量序列显著减少,但没有突变点。

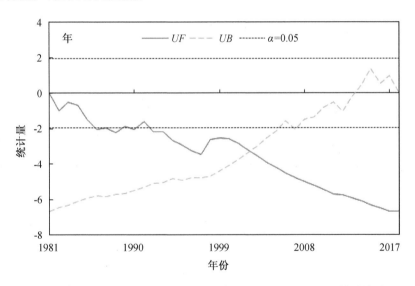

图 3-12　沙市站 1981—2018 年年输沙量序列 Mann-Kendall 检验统计

3.1.1.4　监利站

3.1.1.4.1　年径流量

根据收集的资料,统计长江干流监利站不同时段径流量及其变化,成果见表 3-13。与三峡水库运用前相比,监利站多年平均径流量在三峡水库运用后减少 140.7 亿 m³,变化幅度为 3.7%;从各个月变化幅度来看,1—5 月、12 月各月多年平均径流量偏大,2月份变化幅度最大,为38.6%;6—11月各月多年平均径流量偏少,10月份变化幅度最大,为21.1%。

表3-13　干流监利站不同时段各月多年平均径流量及其变化表

单位:亿 m³,%

时段		1月	2月	3月	4月	5月	6月	7月
运用前 (1981—2002年)		125.5	105.1	130.3	175.9	281.6	407.3	673.3
运用后 (2003—2018年)		164.9	145.7	174.1	210.5	316.8	387.5	584.9
变化值	径流量	39.3	40.6	43.8	34.5	35.2	−19.8	−88.4
	百分比	31.3	38.6	33.6	19.6	12.5	−4.9	−13.1
时段		8月	9月	10月	11月	12月	年	
运用前 (1981—2002年)		583.8	530.3	418.3	252.3	166.6	3 851.2	
运用后 (2003—2018年)		517.9	458.6	330.2	240.8	177.2	3 710.5	
变化值	径流量	−65.9	−71.7	−88.1	−11.6	10.6	−140.7	
	百分比	−11.3	−13.5	−21.1	−4.6	6.4	−3.7	

注:表中数据四舍五入,取约数。

下文根据监利站实测流量的长时间序列资料,分析长江干流水情的趋势性、突变性等规律。

(1)趋势性规律

① 滑动平均分析

根据监利站1981—2018年实测资料,监利站多年平均年径流量为3 791亿 m³,多年年径流量序列及其滑动平均过程见图3-13。由该图可知,监利站年径流量在1981—1997年处于下降期,1998—2005年较为平稳,2006—2015年再次处于下降期,2016年后进入上升期。其中,2006年年径流量是序列中的最小值,只有2 720亿 m³;1998年年径流量是序列中的最大值,达到4 412亿 m³。三峡水库运用后,2003—2018年间大部分年份的年径流量较多年平均年径流量3 791亿 m³偏少,其中最大值是2018年的4 176亿 m³。由滑动平均过程可知,监利站年径流量系列总体呈减少趋势,2015年后呈增加趋势。

② 数理统计检验

监利站1981—2018年年实测径流量系列 Mann-Kendall 检验和 Kendall 检验结果见表3-14。由该表可知,监利站年径流量呈不显著减少趋势。

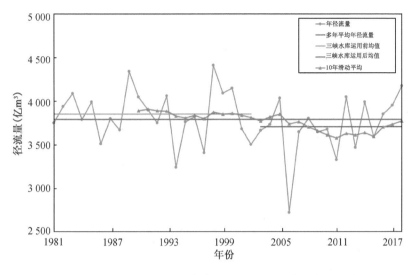

图 3-13 监利站 1981—2018 年年径流量序列及其滑动平均过程图

表 3-14 监利站 1981—2018 年年径流量变化趋势检验结果

类别	Mann-Kendall 检验	Kendall 检验	变化趋势
年径流量	−0.81	−0.84	不显著减少

（2）突变性规律

监利站径流量的 Mann-Kendall 检验统计见图 3-14。由该图可知，监利站年径流量序列存在多个可能的突变点，集中在 1988 年、1994 年、2000 年前后，结合年径流量序列，发现主要从 2000 年以后开始发生突变。

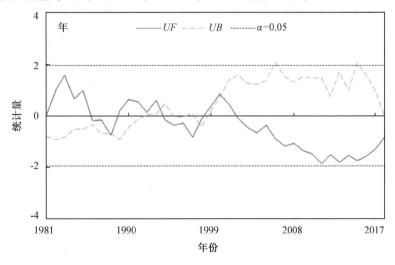

图 3-14 监利站 1981—2018 年年径流量序列 Mann-Kendall 检验统计

3.1.1.4.2　年输沙量

根据收集的资料,统计长江干流监利站不同时段输沙量及其变化,成果见表 3-15。与三峡水库运用前相比,监利站多年平均输沙量在三峡水库运用后减少 30 460 万 t,变化幅度为 81.4%。

表 3-15　干流监利站不同时段多年平均输沙量及其变化表

时段		输沙量及其变化 (输沙量:万 t,百分比:%)
三峡水库运用前(1981—2002 年)		37 418
三峡水库运用后(2003—2018 年)		6 958
变化值	输沙量	−30 460
	百分比	−81.4

下文根据监利站实测长时间序列资料,分析长江干流输沙量变化的趋势性、突变性等规律。

(1) 趋势性规律

① 滑动平均分析

根据监利站 1981—2018 年实测资料,监利站多年平均年输沙量为 24 592 万 t,多年年输沙量序列及其滑动平均过程见图 3-15。由该图可知,监利站年输沙量在 1981—2000 年处于下降期,下降速率较平稳,其中最大年输沙量为 1981 年的 54 900 万 t;三峡水库运用后,监利站年输沙量开始快速减少,2000 年

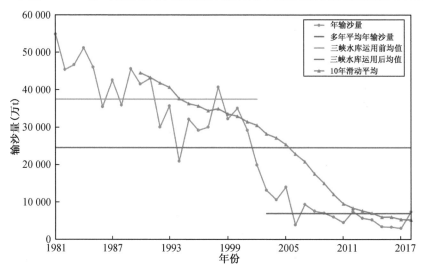

图 3-15　监利站 1981—2018 年年输沙量序列及其滑动平均过程图

年输沙量为 35 000 万 t,2006 年减少至 3 900 万 t,此后年输沙量在 5 700 万 t 上下波动。由滑动平均过程可知,监利站年输沙量系列总体呈减少趋势。

② 数理统计检验

监利站 1981—2018 年年输沙量系列 Mann-Kendall 检验和 Kendall 检验结果见表 3-16。由该表可知,监利站年输沙量呈显著减少趋势。

表 3-16　监利站 1981—2018 年年输沙量变化趋势检验结果

类别	Mann-Kendall 检验	Kendall 检验	变化趋势
年输沙量	−7.12	−7.15	显著减少

（2）突变性规律

Mann-Kendall 检验方法中,UF 和 UB 两条曲线出现交点且交点在临界直线之间,那么交点相对应的时刻就是被检验序列突变开始的时刻。监利站年输沙量的 Mann-Kendall 检验统计见图 3-16。由该图可知,监利站年输沙量序列显著减少,但没有突变点。

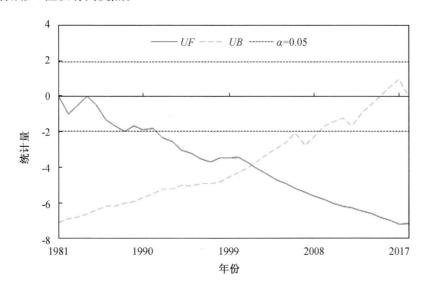

图 3-16　监利站 1981—2018 年年输沙量序列 Mann-Kendall 检验统计

3.1.1.5　螺山站

3.1.1.5.1　年径流量

根据收集的资料,统计长江干流螺山站不同时段径流量及其变化,成果见表 3-17。与三峡水库运用前相比,螺山站多年平均径流量在三峡水库运用后减少 452.3 亿 m³,变化幅度为 6.9%;从各个月变化幅度来看,1—3 月、5 月、12 月各月多年平均径流量偏大,1月份变化幅度最大,为23.1%;4月、6—11月各月多年平均径流量偏少,10月份变化幅度最大,为25.3%。

表3-17　干流螺山站不同时段各月多年平均径流量及其变化表

单位:亿 m³,%

时段		1月	2月	3月	4月	5月	6月	7月
运用前 (1981—2002年)		203.7	198.7	293.9	406.9	559.7	737.3	
运用后 (2003—2018年)		250.8	231.1	327.1	399.3	597.8	734.5	962.4
变化值	径流量	47.1	32.4	33.3	−7.6	38.1	−2.8	−152.9
	百分比	23.1	16.3	11.3	−1.9	6.8	−0.4	−13.7
时段		8月	9月	10月	11月	12月	年	
运用前 (1981—2002年)		1 115.3	934.5	813.3	622.4	381.7	251.1	6 517.5
运用后 (2003—2018年)		805.5	671.8	465.2	362.3	259.4	6 065.3	
变化值	径流量	−129.0	−141.5	−157.2	−19.5	8.3	−452.3	
	百分比	−13.8	−17.4	−25.3	−5.1	3.3	−6.9	

注:表中数据四舍五入,取约数。

下文根据螺山站实测流量的长时间序列资料,分析长江干流水情的趋势性、突变性等规律。

(1)趋势性规律

① 滑动平均分析

根据螺山站1981—2018年实测资料,螺山站多年平均年径流量为6 328亿 m³,多年年径流量序列及其滑动平均过程见图3-17。由该图可知,螺山站年径流量在1981—2005年较为平稳,2006—2016年处于上升期。其中,2006年年径流量是序列中的最小值,只有4 647亿 m³;1998年年径流量是序列中的最大值,达到8 299亿 m³。三峡水库运用后,2003—2018年间大部分年份的年径流量较多年平均年径流量6 328亿 m³偏少,其中最大值是2012年的6 994亿 m³。由滑动平均过程可知,螺山站年径流量系列在1981—2005年呈平稳态势,2005—2015年呈减少趋势,2015年后呈增加趋势。

② 数理统计检验

螺山站1981—2018年年实测径流量系列 Mann-Kendall 检验和 Kendall 检验结果见表3-18。由该表可知,螺山站年径流量呈不显著减少趋势。

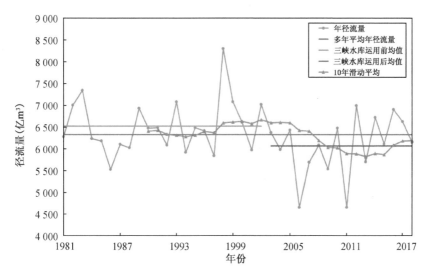

图 3-17　螺山站 1981—2018 年年径流量序列及其滑动平均过程图

表 3-18　螺山站 1981—2018 年年径流量变化趋势检验结果

类别	Mann-Kendall 检验	Kendall 检验	变化趋势
年径流量	−0.79	−0.81	不显著减少

（2）突变性规律

螺山站径流量的 Mann-Kendall 检验统计见图 3-18。由该图可知，螺山站年径流量序列存在多个可能的突变点，集中在 1984 年、1991—2000 年、2016 年前后，结合年径流量序列，可发现突变主要从 2000 年以后开始。

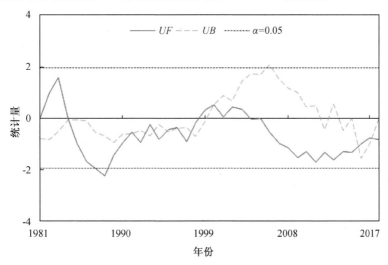

图 3-18　螺山站 1981—2018 年年径流量序列 Mann-Kendall 检验统计

3.1.1.5.2 年输沙量

根据收集的资料,统计长江干流螺山站不同时段输沙量及其变化,成果见表3-19。与三峡水库运用前相比,螺山站多年平均输沙量在三峡水库运用后偏小30 355万t,变化幅度为78.0%。

表 3-19　干流螺山站不同时段多年平均输沙量及其变化表

时段		输沙量及其变化 (输沙量:万t,百分比:%)
三峡水库运用前(1981—2002年)		38 927
三峡水库运用后(2003—2018年)		8 572
变化值	输沙量	−30 355
	百分比	−78.0

下文根据螺山站实测长时间序列资料,分析长江干流输沙量变化的趋势性、突变性等规律。

(1)趋势性规律

① 滑动平均分析

根据螺山站1981—2018年实测资料,螺山站多年平均年输沙量为26 146万t,多年年输沙量序列及其滑动平均过程见图3-19。由该图可知,螺山站年输沙量在1981—2000年处于下降期,下降速率较平稳,其中最大年输沙量为1981年的61 500万t;三峡水库运用后,螺山站年输沙量开始快速减少,2000年输沙

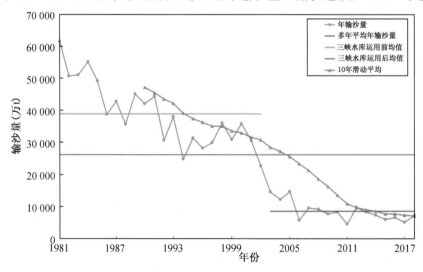

图 3-19　螺山站 1981—2018 年年输沙量序列及其滑动平均过程图

量为 35 900 万 t,2006 年减少至 5 810 万 t,此后年输沙量在 7 300 万 t 上下波动。由滑动平均过程可知,螺山站年输沙量系列总体呈减少趋势。

② 数理统计检验

螺山站 1981—2018 年年输沙量系列 Mann-Kendall 检验和 Kendall 检验结果见表 3-20。由该表可知,螺山站年输沙量呈显著减少趋势。

表 3-20 螺山站 1981—2018 年年输沙量变化趋势检验结果

类别	Mann-Kendall 检验	Kendall 检验	变化趋势
年输沙量	−7.07	−7.08	显著减少

（2）突变性规律

Mann-Kendall 检验方法中,UF 和 UB 两条曲线出现交点且交点在临界直线之间,那么交点相对应的时刻就是被检验序列突变开始的时刻。螺山站年输沙量的 Mann-Kendall 检验统计见图 3-20。由该图可知,螺山站年输沙量序列显著减少,但没有突变点。

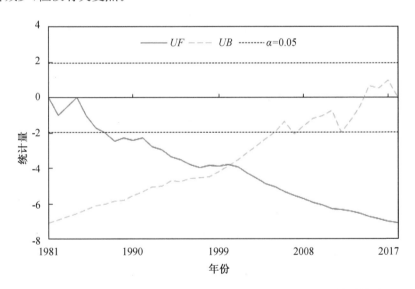

图 3-20 螺山站 1981—2018 年年输沙量序列 Mann-Kendall 检验统计

3.1.2 洞庭湖控制站水沙变化分析

3.1.2.1 城陵矶（七里山）站

根据收集的资料,统计七里山站不同时段径流量及其变化,成果见表 3-21。与三峡水库运用前相比,七里山站多年平均径流量在三峡水库运用后减少

337.1亿 m³,变化幅度为 12.3%;从各个月变化幅度来看,1月、5—6月、12月各月多年平均径流量偏大,1月份变化幅度最大,为 14.5%;2—4月、7—11月各月多年平均径流量偏小,10月份变化幅度最大,为 32.0%。

统计七里山站不同时段多年月平均水位变化,成果见表 3-22。从各个月变化幅度来看,1—3月、5—6月各月多年月平均水位增高,1月份和3月份变化幅度最大,均增高了 0.52 m;4月、7—12月各月多年月平均水位降低,10月份变化幅度最大,降低了 2.01 m。

下文根据洞庭湖区控制水文站实测流量、水位的长时间序列资料,分析洞庭湖区水情的趋势性、突变性等规律。

(1)趋势性规律

① 滑动平均分析

根据实测资料,七里山站有资料以来(1951—2018年)多年平均年径流量为 2 834亿 m³,多年年径流量序列及其滑动平均过程见图 3-21。由该图可知,七里山站年径流量在 1951—1986年处于下降期,1986—1998年处于上升期,1998—2011年处于下降期,2011—2018年处于上升期。其中,2011年年径流量是序列中的最小值,只有 1 475.9亿 m³;1954年年径流量是序列中的最大值,达到 5 266.5亿 m³。三峡水库运用后,2003—2018年间仅 2012年和 2016年的年径流量大于多年平均年径流量 2 834亿 m³,最大值是 2016年的 3 118亿 m³,其余各年的年径流量均小于多年平均年径流量。由滑动平均过程可知,七里山站年径流量系列呈减少趋势。

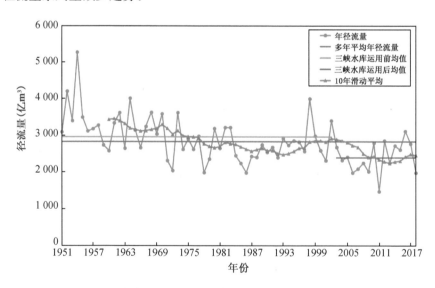

图 3-21 七里山站 1951—2018 年年径流量序列及其滑动平均过程图

表 3-21 七里山站不同时段各月多年平均径流量及其变化表

单位：亿 m³,%

时段		1月	2月	3月	4月	5月	6月	7月	8月	9月	10月	11月	12月	年
运用前 (1981—2002年)		77.8	96.9	162.2	231.7	282.0	343.0	464.6	365.1	292.6	207.0	130.3	83.9	2 737.0
运用后 (2003—2018年)		89.1	89.8	158.0	197.5	295.1	348.4	378.5	283.2	208.8	140.7	124.3	86.5	2 400.0
变化值	径流量	11.3	-7.1	-4.2	-34.2	13.2	5.4	-86.1	-82.0	-83.7	-66.3	-6.0	2.6	-337.1
	百分比	14.5	-7.3	-2.6	-14.8	4.7	1.6	-18.5	-22.4	-28.6	-32.0	-4.6	3.1	-12.3

注：表中数据四舍五入,取约数。

表 3-22 七里山站各月多年平均水位时段变化统计表

单位：m

时段	1月	2月	3月	4月	5月	6月	7月	8月	9月	10月	11月	12月
运用前 (1981—2002年)	20.75	20.90	22.06	24.07	25.88	27.94	30.85	29.70	28.83	26.87	24.19	21.78
运用后 (2003—2018年)	21.27	21.25	22.57	23.91	26.30	28.20	30.17	28.81	27.43	24.86	23.38	21.50
变化值	0.52	0.35	0.52	-0.16	0.42	0.26	-0.68	-0.89	-1.40	-2.01	-0.80	-0.27

注：表中数据四舍五入,取约数。

② 数理统计检验

七里山站自有资料以来的 1951—2018 年年实测径流量系列 Mann-Kendall 检验和 Kendall 检验结果见表 3-23,1951—2018 年年最高和最低日平均水位系列趋势检验成果见表 3-24。

表 3-23   七里山站 1951—2018 年月径流量及年径流量变化趋势检验结果

类别	Mann-Kendall 检验	Kendall 检验	变化趋势
1 月径流量	2.80	2.80	显著增大
2 月径流量	1.08	1.07	不显著增大
3 月径流量	0.92	0.92	不显著增大
4 月径流量	−2.21	−2.23	显著减少
5 月径流量	−3.58	−3.62	显著减少
6 月径流量	−1.67	−1.75	显著减少
7 月径流量	−2.33	−2.40	显著减少
8 月径流量	−3.48	−3.51	显著减少
9 月径流量	−4.17	−4.20	显著减少
10 月径流量	−5.35	−5.37	显著减少
11 月径流量	−2.69	−2.73	显著减少
12 月径流量	−0.72	−0.72	不显著减少
年径流量	−4.21	−4.26	显著减少

表 3-24   洞庭湖区七里山站特征水位变化趋势检验结果

站名	类别	Mann-Kendall 检验	Kendall 检验	变化趋势
七里山	最高日均水位	1.68	1.67	显著上升
	最低日均水位	7.53	7.52	显著上升

由表 3-23 和表 3-24 可知,七里山站年径流量呈显著减少趋势。从各月来看,1—3 月径流量呈增大趋势,其中 1 月呈显著增大趋势;4—12 月径流量呈减少趋势,其中除 12 月呈不显著减少趋势外,其余各月均呈显著减少趋势。七里山年最高日均水位、年最低日均水位均呈显著上升趋势。

(2)突变性规律

洞庭湖区七里山站流量和水位的 Mann-Kendall 检验统计见图 3-22 和图 3-23。

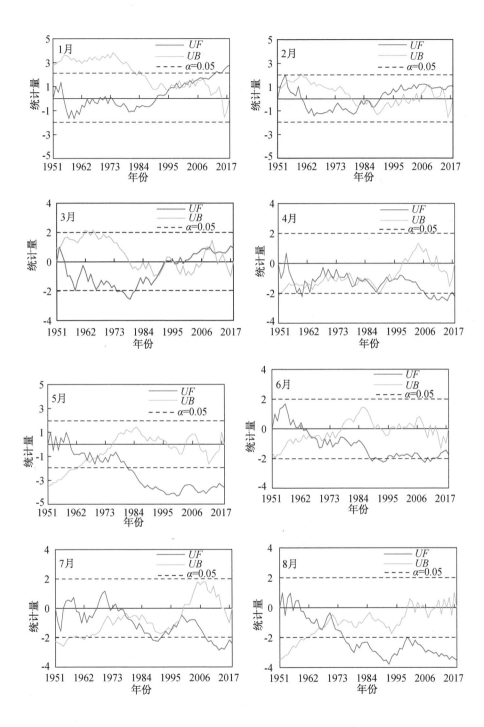

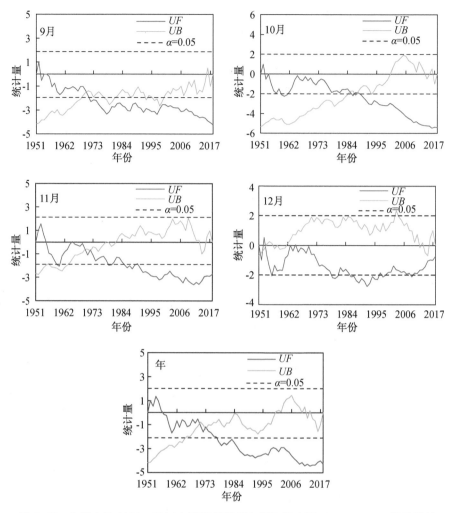

图 3-22　七里山站 1951—2018 年月径流量及年径流量序列 Mann-Kendall 检验统计

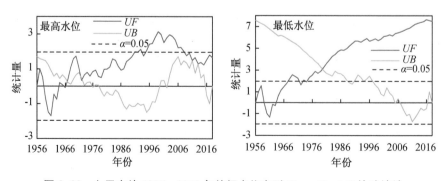

图 3-23　七里山站 1956—2018 年特征水位序列 Mann-Kendall 检验统计

由图 3-22 可知,七里山站 1951—2018 年年径流量及 8—12 月各月径流量存在 1～3 个可能突变点,多集中在 1970 年左右;1—7 月各月径流量均存在 4 个及以上突变点,其中,1 月径流量从 2017 年开始突变,2 月径流量从 1998 年开始突变,3 月径流量从 1996 年开始突变,4—6 月突变点多在 20 世纪 60～70 年代,表明这段时期内,各月径流量震荡剧烈,变化频繁。

由图 3-23 可知,1956—2018 年的 63 年里,七里山站年最低日均水位过程没有突变点,年最高日均水位过程存在多个突变点,集中在 1970 年前后,上下趋势线存在多次交叉,表明该时段水位过程变化频繁。

3.1.2.2 南咀站

统计南咀站不同时段多年月平均水位变化,成果见表 3-25。由该表可知,与三峡水库运用前相比较,南咀站多年月平均水位在三峡水库运用后总体上有一定下降。从各个月的变化幅度来看,1 月多年月平均水位上升了 0.04 m,2—12 月各月多年月平均水位均下降。其中,10 月份变化幅度最大,下降了 1.07 m;5 月变化幅度最小,下降了 0.01 m。

表 3-25 南咀站各月多年平均水位时段变化统计表　　　　　单位:m

时段	1 月	2 月	3 月	4 月	5 月	6 月
运用前(1981—2002 年)	28.46	28.63	29.06	29.72	30.40	31.43
运用后(2003—2018 年)	28.50	28.51	29.01	29.47	30.39	31.19
变化值	0.04	−0.12	−0.06	−0.24	−0.01	−0.24
时段	7 月	8 月	9 月	10 月	11 月	12 月
运用前(1981—2002 年)	32.97	31.98	31.40	30.31	29.31	28.60
运用后(2003—2018 年)	32.26	31.07	30.44	29.24	28.90	28.45
变化值	−0.70	−0.91	−0.96	−1.07	−0.41	−0.15

注:表中数据四舍五入,取约数。

下文根据洞庭湖区南咀站水位的长时间序列资料,对其进行趋势性、突变性等规律分析。洞庭湖区南咀站 1951—2018 年年最高日和最低日平均水位系列趋势检验成果见表 3-26。南咀站水位的 Mann-Kendall 检验统计结果见图 3-24。

表 3-26 洞庭湖区南咀站特征水位变化趋势检验结果

站名	类别	Mann-Kendall 检验	Kendall 检验	变化趋势
南咀	最高日均水位	1.90	1.88	显著上升
	最低日均水位	−0.85	−1.10	不显著下降

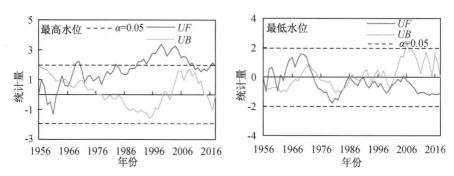

图 3-24　南咀站 1956—2018 年特征水位序列 Mann-Kendall 检验统计

由表 3-26 可知,南咀站年最高日均水位呈显著上升趋势,年最低日均水位呈不显著下降趋势。

由图 3-24 可知,1956—2018 年的 63 年里,南咀站年最高日均水位过程、年最低日均水位过程均有多个突变点,上下趋势线存在多次交叉,表明该时段水位过程变化频繁。其中,最高水位主要从 1970 年前后开始突变,最低水位从 2000 年以后开始突变。

3.1.2.3　小河咀站

小河咀站不同时段多年月平均水位变化见表 3-27。由该表可知,与三峡水库运用前相比较,小河咀站多年月平均水位在三峡水库运用后有一定下降。从各个月变化幅度来看,1—12 月各月多年月平均水位均下降。其中,8 月份变化幅度最大,下降了 0.93 m;1 月变化幅度最小,下降了 0.02 m。

表 3-27　小河咀站各月多年平均水位时段变化统计表　　　　单位:m

时段	1 月	2 月	3 月	4 月	5 月	6 月
运用前(1981—2002 年)	28.64	28.82	29.24	29.88	30.44	31.33
运用后(2003—2018 年)	28.62	28.62	29.15	29.58	30.41	31.08
变化值	−0.02	−0.20	−0.09	−0.30	−0.03	−0.25
时段	7 月	8 月	9 月	10 月	11 月	12 月
运用前(1981—2002 年)	32.56	31.53	30.93	29.98	29.29	28.71
运用后(2003—2018 年)	31.82	30.61	30.04	29.08	28.89	28.52
变化值	−0.74	−0.93	−0.89	−0.91	−0.40	−0.19

注:表中数据四舍五入,取约数。

下文根据洞庭湖区小河咀站水位的长时间序列资料,对其进行趋势性、突变性等规律分析。洞庭湖区小河咀站 1951—2018 年年最高日和最低日平均水位系列趋势检验成果见表 3-28。小河咀站水位的 Mann-Kendall 检验统计结果见图 3-25。

由表 3-28 可知,小河咀站年最高日均水位呈显著上升趋势,年最低日均水位呈显著下降趋势。

表 3-28　洞庭湖区小河咀站特征水位变化趋势检验结果

站名	类别	Mann-Kendall 检验	Kendall 检验	变化趋势
小河咀	最高日均水位	2.08	2.05	显著上升
	最低日均水位	−2.89	3.07	显著下降

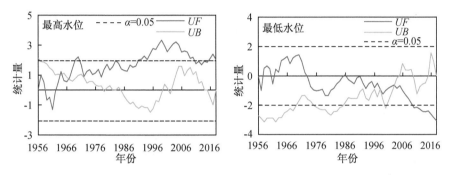

图 3-25　小河咀站 1956—2018 年特征水位序列 Mann-Kendall 检验统计

由图 3-25 可知,1956—2018 年的 63 年里,小河咀站年最高日均水位过程、年最低日均水位过程均有多个突变点,上下趋势线存在多次交叉,表明交叉时段水位过程变化频繁。其中,最高水位主要从 1970 年前后开始突变,最低水位从 2003 年以后开始突变。

3.1.2.4　石龟山站

澧水尾闾石龟山站不同时段多年月平均水位变化见表 3-29。由该表可知,与三峡水库运用前相比较,石龟山站多年月平均水位在三峡水库运用后有一定下降。从各个月变化幅度来看,1—12 月各月多年月平均水位均下降。其中,10 月份变化幅度最大,下降了 1.32 m;5 月变化幅度最小,下降了 0.26 m。

下文根据澧水尾闾石龟山站水位的长时间序列资料,对其进行趋势性、突变性等规律分析。澧水尾闾石龟山站 1951—2018 年年最高日和最低日平均水位系列趋势检验成果见表 3-30。石龟山站水位的 Mann-Kendall 检验统计结果见图 3-26。

由表 3-30 可知,石龟山站年最高日均水位呈不显著下降趋势,年最低日均水位呈显著下降趋势。

由图 3-26 可知,1956—2018 年的 63 年里,石龟山站年最高日均水位过程有多个突变点,年最低日均水位过程只有 1 个突变点,表明突变点前后时间段的水位过程发生了较为剧烈的变化。其中,最高水位主要从 1970 年前后开始突变,最低水位从 1987 年以后开始突变。

表 3-29 石龟山站各月多年平均水位时段变化统计表 单位:m

时段	1 月	2 月	3 月	4 月	5 月	6 月
运用前(1981—2002 年)	30.29	30.53	31.13	31.69	32.51	33.62
运用后(2003—2018 年)	29.93	29.99	30.47	31.11	32.25	33.23
变化值	−0.36	−0.54	−0.66	−0.57	−0.26	−0.39
时段	7 月	8 月	9 月	10 月	11 月	12 月
运用前(1981—2002 年)	35.43	34.31	33.72	32.59	31.43	30.43
运用后(2003—2018 年)	34.63	33.29	32.66	31.26	30.70	30.09
变化值	−0.80	−1.02	−1.06	−1.32	−0.72	−0.34

注:表中数据四舍五入,取约数。

表 3-30 洞庭湖区石龟山站特征水位变化趋势检验结果

站名	类别	Mann-Kendall 检验	Kendall 检验	变化趋势
石龟山	最高日均水位	−0.14	−0.17	不显著下降
	最低日均水位	−6.78	−6.79	显著下降

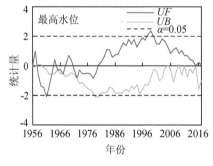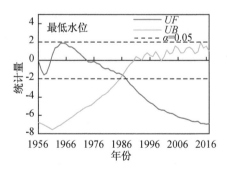

图 3-26 石龟山站 1956—2018 年特征水位序列 Mann-Kendall 检验统计

3.1.2.5 湖区水位年变化特征

由上述对湖区各站各月多年平均水位对比分析可知,三峡水库的运行对各站的影响均表现为枯季水位上升,汛期水位下降。进一步比较湖区各站多年年平均水位时段变化可知,与三峡水库运用前相比,湖区各站点在三峡水库运用后的多年年平均水位有一定幅度下降,其中石龟山站多年年平均水位下降了 0.68 m,小河咀站多年年平均水位下降了 0.41 m,南咀站多年年平均水位下降了 0.41 m,七里山站多年年平均水位下降了 0.35 m(详见表 3-31)。

表 3-31 洞庭湖区各站多年年平均水位时段变化统计表 单位:m

时段	站点			
	七里山	小河咀	南咀	石龟山
运用前(1981—2002 年)	25.34	30.12	30.20	32.32
运用后(2003—2018 年)	24.99	29.71	29.79	31.64
变化值	−0.35	−0.41	−0.41	−0.68

3.1.3 四水控制站水沙变化分析

3.1.3.1 湘潭站

根据收集的资料,统计湘江干流湘潭站不同时段径流量及其变化,成果见表 3-32。与东江水库运用前相比,湘潭站多年平均径流量在东江水库运用后偏大 24.54 亿 m³,变化幅度为 3.78%;从各个月变化幅度来看,1 月、5—12 月各月多年平均径流量偏大,8 月份变化幅度最大,为 59.98%;2—4 月各月多年平均径流量偏少,4 月份变化幅度最大,为 21.92%。

湘江干流湘潭站不同时段输沙量及其变化见表 3-33。与东江水库运用前相比,湘潭站多年平均输沙量在东江水库运用后偏少 456.71 万 t,变化幅度为 42.71%;从各个月变化幅度来看,1 月、7—8 月、11 月各月多年平均输沙量偏大,1 月份变化幅度最大,为 136.93%;2—6 月、9—10 月、12 月多年平均输沙量偏少,2 月份变化幅度最大,变化幅度为 76.88%。

(1)趋势性规律

① 滑动平均分析

根据湘潭站 1981—2018 年实测资料,湘潭站多年平均年径流量为 670 亿 m³,多年年径流量序列及其滑动平均过程见图 3-27。由该图可知,湘潭站年径流量在 1981—1986 年处于下降期,1987—1994 年处于上升期,1995—2018 年再次处于下降期。其中,2011 年年径流量是序列中的最小值,只有 394 亿 m³;1994 年年径流量是序列中的最大值,达到 1 035 亿 m³。东江水库运用后,1987—2018 年间大部分年份的年径流量较多年平均年径流量 670 亿 m³ 偏少,其中最大值是 1994 年的 1 035 亿 m³。由滑动平均过程可知,湘潭站年径流量系列总体呈增大趋势,2002 年后呈减少趋势。

湘潭站多年平均年输沙量为 685 万 t,多年年输沙量序列及其滑动平均过程

表 3-32　干流湘潭站不同时段各月多年平均径流量及其变化表

单位：亿 m³、%

时段		1月	2月	3月	4月	5月	6月	7月	8月	9月	10月	11月	12月	年
运用前（1981—1986年）		20.78	46.99	73.15	107.63	99.40	105.77	45.83	33.63	31.20	27.23	32.29	25.76	649.66
运用后（1987—2018年）		32.94	36.98	65.73	84.04	101.36	106.16	68.60	53.80	34.57	29.18	32.38	28.45	674.20
变化值	径流量	12.16	-10.01	-7.42	-23.59	1.96	0.39	22.78	20.17	3.37	1.95	0.09	2.69	24.54
	百分比	58.55	-21.29	-10.14	-21.92	1.97	0.37	49.70	59.98	10.80	7.15	0.27	10.45	3.78

注：表中数据四舍五入，取约数。

表 3-33　干流湘潭站不同时段各月多年平均输沙量及其变化表

单位：万 t、%

时段		1月	2月	3月	4月	5月	6月	7月	8月	9月	10月	11月	12月	年
运用前（1981—1986年）		4.05	74.14	75.23	251.67	210.56	265.58	69.88	48.08	25.94	18.02	18.32	7.91	1 069.38
运用后（1987—2018年）		9.59	17.14	58.44	77.70	114.33	140.60	85.94	51.73	17.24	15.04	18.45	6.47	612.67
变化值	输沙量	5.54	-57.00	-16.79	-173.97	-96.23	-124.98	16.06	3.65	-8.70	-2.98	0.13	-1.44	-456.71
	百分比	136.93	-76.88	-22.32	-69.13	-45.70	-47.06	22.98	7.59	-33.55	-16.52	0.72	-18.19	-42.71

注：表中数据四舍五入，取约数。

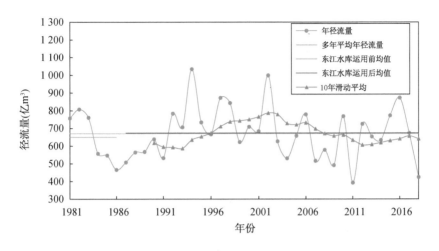

图 3-27　干流湘潭站多年平均径流量及滑动平均

见图 3-28。由该图可知,湘潭站年输沙量在 1981—1993 年处于下降期,1994—2018 年处于下降期。其中,2018 年输沙量是序列中的最小值,只有 47 万 t;1981 年输沙量是序列中的最大值,达到 1 540 万 t。东江水库运用后,1987—2018 年间大部分年份的年输沙量较多年平均年径流量 685 万 t 偏少,其中最大值是 1994 年的 1 517 万 t。由滑动平均过程可知,湘潭站年输沙量系列总体呈减少趋势,1993—1998 年呈略微增大趋势。

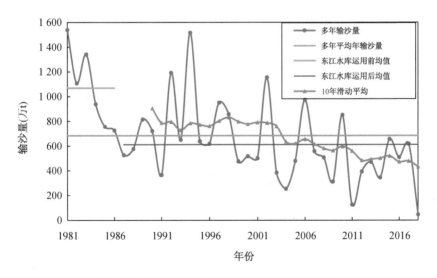

图 3-28　干流湘潭站多年平均输沙量及滑动平均

② 数理统计检验

湘潭站 1981—2018 年年实测径流量、输沙量系列 Mann-Kendall 检验结果见表 3-34。由该表可知,湘潭站年径流量呈不显著减少趋势,而年输沙量呈显著减少趋势。

表 3-34　湘潭站 1981—2018 年年径流量、年输沙量变化趋势检验结果

类别	Mann-Kendall 检验	变化趋势
年径流量	−0.050 3	不显著减少
年输沙量	−3.746 4	显著减少

（2）突变性规律

湘潭站年径流量的 Mann-Kendall 检验统计见图 3-29。由该图可知,湘潭站年径流量序列存在多个突变点,集中在 1984 年、1992 年和 2008 年前后。湘潭站输沙量的 Mann-Kendall 检验统计见图 3-30。由该图可知,湘潭站年输沙量序列存在 1 个突变点,为 1984 年。

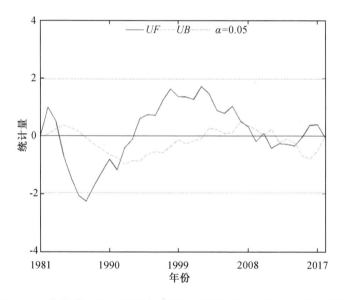

图 3-29　湘潭站 1981—2018 年年径流量序列 Mann-Kendall 检验统计

（3）周期性规律

湘潭站年径流量的小波周期性分析见图 3-31。从小波系数实部等值线图可看出湘潭站径流过程中存在 12～32、4～8 年的 2 类尺度周期变化。其中,12～32 年尺度上出现了丰枯交替的准 2 次震荡,4～8 年尺度上出现了准 7 次震荡。12～32 年尺度的周期变化 1984—1996 较为稳定,4～8 年尺度 1994—2009 较为稳定。

从小波系数模等值线图上看,12～23 年时间尺度周期变化最明显,28～32 年时间尺度周期变化次之。

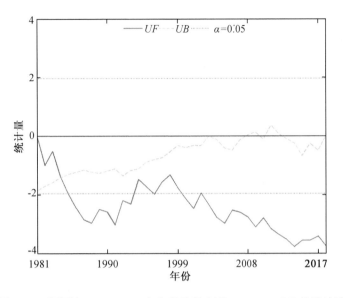

图 3-30　湘潭站 1981—2018 年年输沙量序列 Mann-Kendall 检验统计

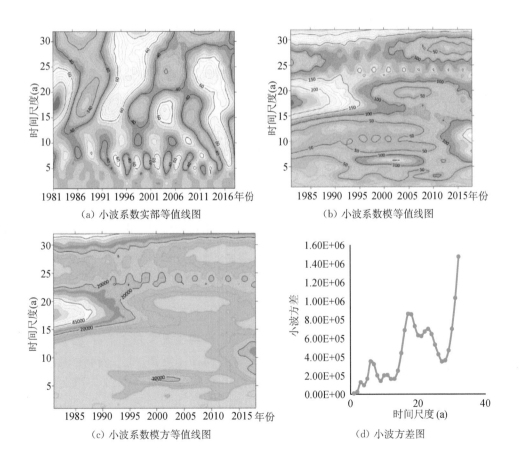

（a）小波系数实部等值线图　　　　　（b）小波系数模等值线图

（c）小波系数模方等值线图　　　　　（d）小波方差图

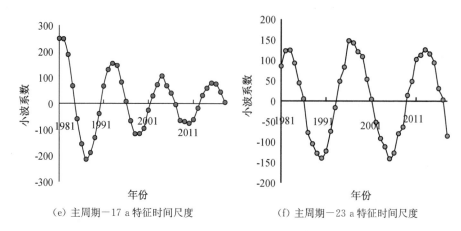

（e）主周期—17 a 特征时间尺度　　　　　　（f）主周期—23 a 特征时间尺度

图 3-31　湘潭站 1991—2018 年年径流量序列小波周期分析

从小波系数模方等值线图看，12～23 a 能量最强、周期最显著，但未覆盖全域（1995 年前），28～32 a 时间尺度虽能量较弱，但周期分布比较明显。

径流的小波方差图中存在 5 个较为明显的峰值，它们依次对应着 23 a、17 a、11 a、6 a 和 3 a 的时间尺度。其中，最大峰值对应着 17 a 的时间尺度，说明 17 a 左右的周期震荡最强，为年径流变化的第一主周期；23 a 时间尺度对应着第二峰值，为年径流变化的第二主周期，第三、第四、第五峰值分别对应着 6 a、11 a 和 3 a 的时间尺度，它们依次为年径流变化的第三、第四、第五主周期。

在 17 a 特征时间尺度上，流域径流变化的平均周期为 11 a 左右，大约经历了 3 个丰枯转换期；而在 23 a 特征时间尺度上，流域的平均变化周期为 15 a 左右，大约经历了 2 个周期的丰枯变化。

3.1.3.2 · 桃江站

根据收集的资料，统计资江干流桃江站不同时段径流量及其变化，成果见表 3-35。其中，最大月径流量为 33.23 亿 m³，出现在 6 月。而最大输沙量出现在 7 月，为 30.51 万 t（见表 3-36）。

（1）趋势性规律

① 滑动平均分析

根据 1981—2018 年实测资料，桃江站多年平均径流量为 226.44 亿 m³，多年年径流量序列及其滑动平均过程见图 3-32。由该图可知，桃江站年径流量在 1981—1985 年处于下降期，1986—1994 年处于上升期，1995—2011 年再次处于下降期，2012—2016 年再次处于上升期。其中，2011 年年径流量是序列中的最小值，只有 149 亿 m³；1994 年年径流量是序列中的最大值，达到 359 亿 m³。由滑动平均过程可知，桃江站年径流量系列总体呈先增大后减少趋势，2002 年后呈减少趋势。

表 3-35　干流桃江站不同时段各月多年平均径流量及其变化表　单位:亿 m³

时段	1 月	2 月	3 月	4 月	5 月	6 月	7 月
(1981—2018 年)	11.66	13.49	20.61	24.75	29.15	33.23	29.37
时段	8 月	9 月	10 月	11 月	12 月	年	
(1981—2018 年)	18.41	13.32	10.94	11.99	9.53	226.44	

表 3-36　干流桃江站不同时段各月多年平均输沙量及其变化表　单位:万 t

时段	1 月	2 月	3 月	4 月	5 月	6 月	7 月
(1981—2018 年)	0.56	1.25	5.11	9.28	10.60	30.46	30.51
时段	8 月	9 月	10 月	11 月	12 月	年	
(1981—2018 年)	9.59	5.47	2.17	2.26	0.48	107.73	

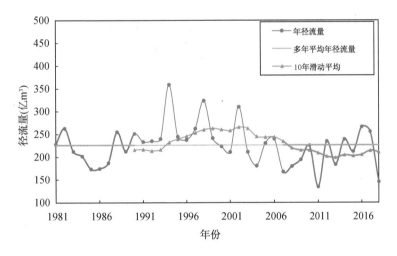

图 3-32　干流桃江站多年平均径流量及滑动平均

桃江站多年平均年输沙量为 107.73 万 t,多年年输沙量序列及其滑动平均过程见图 3-33。由图可知,桃江站年输沙量在 1981—1985 年处于下降期,1986—1990 年处于上升期,1991—2009 年处于下降期,2010—2017 年处于上升期。其中,2009 年输沙量是序列中的最小值,只有 2 万 t;1990 年输沙量是序列中的最大值,达到 356 万 t。由滑动平均过程可知,桃江站年输沙量系列总体呈先增大后减少趋势,2015—2018 年呈略微增大趋势。

② 数理统计检验

桃江站 1981—2018 年年实测径流量、输沙量系列 Mann-Kendall 检验结果

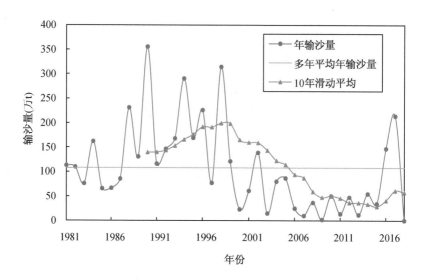

图 3-33　干流桃江站多年平均输沙量及滑动平均

见表 3-37。由该表可知,桃江站年径流量呈不显著减少趋势,而年输沙量呈显著减少趋势。

表 3-37　桃江站 1981—2018 年年径流量、年输沙量变化趋势检验结果

类别	Mann-Kendall 检验	变化趋势
年径流量	−0.704 0	不显著减少
年输沙量	−2.740 7	显著减少

（2）突变性规律

桃江站年径流量的 Mann-Kendall 检验统计见图 3-34。由该图可知,桃江站年径流量序列存在多个可能的突变点,为 1983、1988、2006、2015、2017 年,结合年径流量序列,发现自 2006 年以后开始发生突变。桃江站输沙量的 Mann-Kendall 检验统计结果见图 3-35。由该图可知,桃江站年输沙量序列存在 2 个突变点,为 1984、2003 年,年输沙量主要从 2003 年开始突变。

（3）周期性规律

桃江站年径流量的小波周期性分析见图 3-36。从小波系数实部等值线图可看出桃江站径流过程中存在 11～24 a、4～11 a 的 2 类尺度周期变化。其中,11～24 a 尺度上出现了丰枯交替的准 1 次震荡,4～11 a 尺度上出现了准 4 次震荡。其中,11～24 a 尺度 1981—1992 较为稳定,4～11 a 尺度 1994—2009 较为稳定。

从小波系数模等值线图看,25～32 a 时间尺度周期变化最明显,12～24 a 时

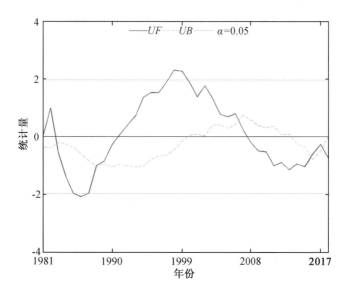

图 3-34 桃江站 1981—2018 年年径流量序列 Mann-Kendall 检验统计

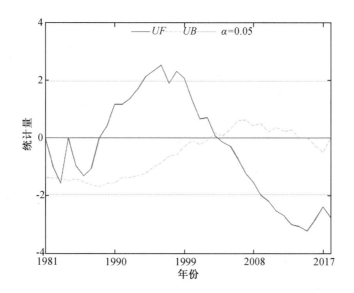

图 3-35 桃江站 1981—2018 年年输沙量序列 Mann-Kendall 检验统计

间尺度周期变化次之。

从小波系数模方等值线图看,27～32 a 能量最强、周期最显著,但未覆盖全域(2008 年前);13～22 a 时间尺度虽能量较弱,但未覆盖全域(1989 年前)。

径流的小波方差图中存在 4 个较为明显的峰值,它们依次对应着 22 a、17 a、6 a 和 3 a 的时间尺度。其中,最大峰值对应着 17 a 的时间尺度,说明 17 a

左右的周期震荡最强,为年径流变化的第一主周期;6 a 时间尺度对应着第二峰值,为年径流变化的第二主周期,第三、第四峰值分别对应着 22 a、3 a 的时间尺度,它们依次为年径流变化的第三、第四主周期。

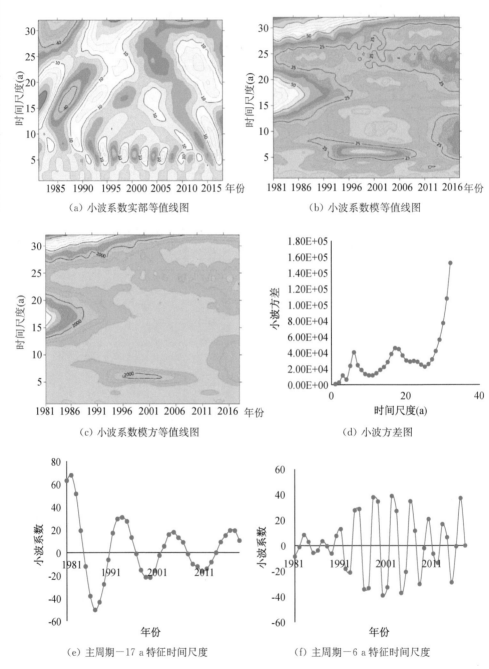

(a) 小波系数实部等值线图　　　　(b) 小波系数模等值线图

(c) 小波系数模方等值线图　　　　(d) 小波方差图

(e) 主周期-17 a 特征时间尺度　　　　(f) 主周期-6 a 特征时间尺度

图 3-36　桃江站 1981—2018 年年径流量序列小波周期分析

在 17 a 特征时间尺度上,径流变化的平均周期为 10 a 左右,大约经历了3 个丰枯转换期;而在 6 a 特征时间尺度上,流域的平均变化周期为 3 a 左右,大约经历了 9 个周期的丰枯变化。

3.1.3.3　桃源站

根据收集的资料,统计沅江干流桃源站不同时段径流量及其变化,成果见表 3-38。与五强溪水库运用前相比,桃源站多年平均径流量在五强溪水库运用后偏大 44.03 亿 m³,变化幅度为 7.28%;从各个月变化幅度来看,1—3 月、5—7 月、11 月、12 月各月多年平均径流量偏大,1 月份变化幅度最大,为39.47%;4 月、8—10 月各月多年平均径流量偏少,10 月份变化幅度最大,为 19.91%。

沅江干流桃源站不同时段输沙量及其变化见表 3-39。与五强溪水库运用前相比,桃源站多年平均输沙量在五强溪水库运用后偏少 499.34 万 t,变化幅度为 70.64%;从各个月变化幅度来看,1—12 月各月多年平均输沙量均偏少,1 月份变化幅度最大,为 99.93%。

(1)趋势性规律

① 滑动平均分析

根据 1981—2018 年实测资料,桃源站多年平均年径流量为 633 亿 m³,多年年径流量序列及其滑动平均过程见图 3-37。由该图可知,桃源站年径流量在1981—2002 年处于上升期,2003—2006 年处于下降期,2007—2017 年再次处于上升期。其中,2011 年年径流量是序列中的最小值,只有 379 亿 m³;2002 年年径流量是序列中的最大值,达到 847 亿 m³。五强溪水库运用后,1995—2018 年间大部分年份的年径流量较多年平均年径流量 633 亿 m³ 偏大。由滑动平均过程可知,桃源站年径流量系列总体呈先增大后减少再增大趋势。

根据桃源站 1981—2018 年实测资料,桃源站多年平均年径输沙量为 391 万t,多年年输沙量序列及其滑动平均过程见图 3-38。由该图可知,桃源站年输沙量在 1981—1993 年处于上升期,1994—2006 年处于下降期,2007—2017 年再次处于上升。其中,2006 年年输沙量是序列中的最小值,只有 10 万 t;1993 年年输沙量是序列中的最大值,达到 1 129 亿 m³。五强溪水库运用后,1995—2018年间大部分年份的年输沙量较多年平均年输沙量 391 万 t 偏小,其中最大值是1995 年的 707 万 t。由滑动平均过程可知,桃源站年径流量系列总体呈先增大后减少再增大趋势。

② 数理统计检验

桃源站 1981—2018 年年实测径流量、输沙量系列 Mann-Kendall 检验结果

表 3-38　干流桃源站不同时段各月多年平均径流量及其变化表

单位:亿 m³,%

时段		1月	2月	3月	4月	5月	6月	7月	8月	9月	10月	11月	12月	年
运用前(1981—1994年)		18.33	23.12	38.75	62.75	79.16	110.99	87.30	53.31	44.79	36.94	29.55	20.16	605.15
运用后(1995—2018年)		25.57	24.58	44.35	60.15	97.93	119.52	109.44	51.14	35.99	29.58	29.56	21.38	649.18
变化值	径流量	7.23	1.47	5.60	-2.61	18.76	8.54	22.14	-2.17	-8.80	-7.36	0.01	1.22	44.03
	百分比	39.47	6.34	14.46	-4.15	23.70	7.69	25.36	-4.07	-19.65	-19.91	0.02	6.05	7.28

注:表中数据四舍五入,取约数。

表 3-39　干流桃源站不同时段各月多年平均输沙量及其变化表

单位:万 t,%

时段		1月	2月	3月	4月	5月	6月	7月	8月	9月	10月	11月	12月	年
运用前(1981—1994年)		1.33	2.63	12.04	43.80	105.77	258.50	157.25	51.59	36.70	28.50	6.99	1.77	706.87
运用后(1995—2018年)		0.00	0.23	1.01	4.91	20.52	66.30	106.06	4.80	1.97	0.24	1.46	0.03	207.53
变化值	输沙量	-1.33	-2.40	-11.03	-38.88	-85.25	-192.20	-51.19	-46.79	-34.74	-28.25	-5.54	-1.74	-499.34
	百分比	-99.93	-91.34	-91.63	-88.79	-80.60	-74.35	-32.55	-90.69	-94.64	-99.14	-79.17	-98.14	-70.64

注:表中数据四舍五入,取约数。

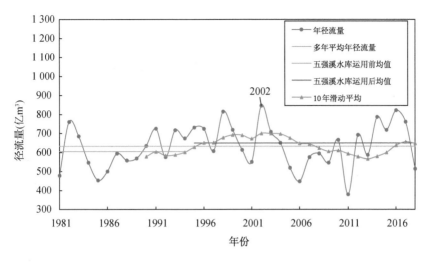

图 3-37　干流桃源站多年平均径流量及滑动平均

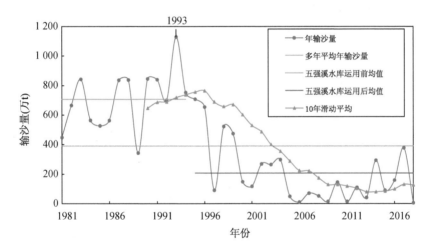

图 3-38　干流桃源站多年平均输沙量及滑动平均

见表 3-40。由该表可知,桃源站年径流量呈不显著增加趋势,而年输沙量呈不显著减少趋势。

表 3-40　桃源站 1981—2018 年年径流量、年输沙量变化趋势检验结果

类别	Mann-Kendall 检验	变化趋势
年径流量	1.005 8	不显著增加
年输沙量	−0.452 6	不显著减少

（2）突变性规律

桃源站年径流量的 Mann-Kendall 检验统计见图 3-39。由该图可知,桃源站年径流量序列存在多个可能的突变点,为 1981、1983、1989、2007、2012 年,结合年径流量序列,发现主要从 1989 年开始发生突变。桃源站输沙量的 Mann-Kendall 检验统计见图 3-40。由该图可知,桃源站年输沙量序列存在5 个可能的突变点,为 1986、1989、1996、2016 年及 2017 年后,结合输沙量序列,发现主要从 1996 年开始发生突变。

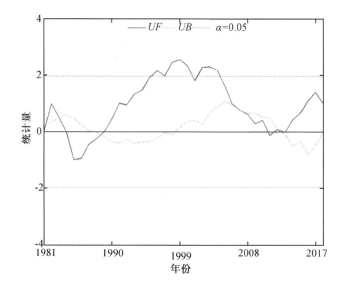

图 3-39　桃源站 1981—2018 年年径流量序列 Mann-Kendall 检验统计

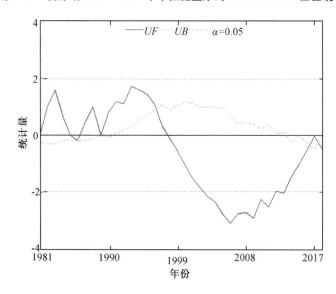

图 3-40　桃源站 1981—2018 年年输沙量序列 Mann-Kendall 检验统计

（3）周期性规律

桃源站径流量的小波周期性分析见图 3-41。从小波系数实部等值线图可看出,桃源站径流过程中存在 25～32 a、11～25 a、4～11 a 的 3 类尺度周期变化。其中,25～32 a 尺度上出现了丰枯交替的准 1 次震荡,11～25 a 尺度上出现了丰枯交替的准 2 次震荡,4～11 a 尺度上出现了丰枯交替的准 3 次震荡。

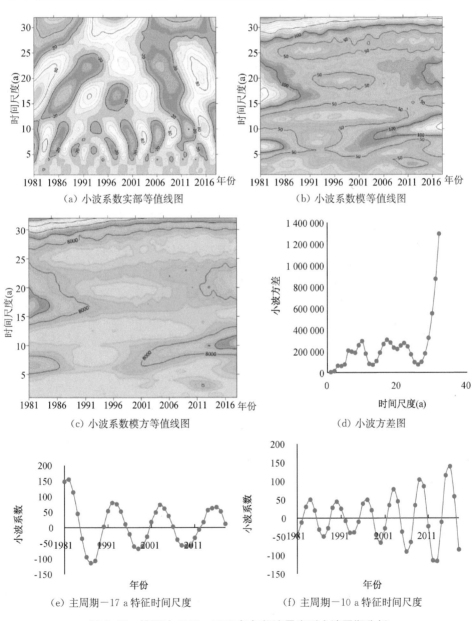

图 3-41　桃源站 1981—2018 年年径流量序列小波周期分析

从小波系数模等值线图看,25～32 a 时间尺度周期变化最明显,15～24 a 时间尺度周期变化次之,4～10 a 时间尺度周期变化较小。

从小波系数模方等值线图看,25～32 a 能量最强、周期最显著,覆盖全域;5～8 a、14～24 a 时间尺度能量较弱,且未覆盖全域(1986、1992 年前)。

径流的小波方差图中存在 5 个较为明显的峰值,它们依次对应着 22 a、17 a、10 a、6 a 和 3 a 的时间尺度。其中,最大峰值对应着 17 a 的时间尺度,说明 17 a 左右的周期震荡最强,为年径流变化的第一主周期;10 a 时间尺度对应着第二峰值,为年径流变化的第二主周期;第三、第四、第五峰值分别对应着 22 a、6 a、3 a 的时间尺度,它们依次为年径流变化的第三、第四、第五主周期。

在 17 a 特征时间尺度上,径流变化的平均周期为 10 a 左右,大约经历了 3 个丰枯转换期;而在 10 a 特征时间尺度上,流域的平均变化周期为 7 a 左右,大约经历了 5 个周期的丰枯变化。

3.1.3.4 石门站

根据收集的资料,统计澧水干流石门站不同时段径流量及其变化,成果见表 3-41。与江垭水库运用前相比,石门站多年平均径流量在江垭水库运用后偏小 13.66 亿 m³,变化幅度为 9.25%;从各个月变化幅度来看,1—3 月、5 月、12 月各月多年平均径流量偏大,12 月份变化幅度最大,为 35.46%;4 月、6—11 月各月多年平均径流量偏小,9 月份变化幅度最大,为 43.09%。与江垭、皂市水库运用前相比,石门站多年平均径流量在江垭、皂市水库运用后偏少 3.32 亿 m³,变化幅度为 2.25%;从各个月变化幅度来看,1 月、2 月、4—6 月、9—12 月各月多年平均径流量偏大,12 月份变化幅度最大,为 100.03%;3 月、7 月、8 月各月多年平均径流量偏少,7 月份变化幅度最大,为 27.94%。

表 3-41 干流石门站不同时段各月多年平均径流量及其变化表

单位:亿 m³,%

时段		1月	2月	3月	4月	5月	6月	7月
运用前 (1981—1998 年)		3.19	4.74	9.24	12.85	17.57	23.36	32.29
运用后 (1999—2007 年)		4.29	5.80	9.29	12.10	20.03	22.59	26.56
运用后 (2008—2018 年)		5.22	5.09	7.29	12.96	18.19	23.64	23.27
变化值	径流量	1.10	1.06	0.05	−0.75	2.46	−0.76	−5.73
	百分比	34.29	22.39	0.59	−5.82	14.02	−3.27	−17.75

时段		1月	2月	3月	4月	5月	6月	7月
变化值	径流量	2.03	0.35	−1.95	0.11	0.62	0.28	−9.02
	百分比	63.55	7.36	−21.14	0.83	3.55	1.20	−27.94

时段		8月	9月	10月	11月	12月	年	
运用前 (1981—1998 年)		15.88	10.14	7.47	7.29	3.65	147.68	
运用后 (1999—2007 年)		10.87	5.77	6.35	5.41	4.95	134.02	
运用后 (2008—2018 年)		12.11	10.62	9.26	9.42	7.31	144.36	
变化值	径流量	−5.01	−4.37	−1.12	−1.88	1.30	−13.66	
	百分比	−31.57	−43.09	−15.03	−25.77	35.46	−9.25	
变化值	径流量	−3.78	0.48	1.78	2.13	3.65	−3.32	
	百分比	−23.77	4.69	23.87	29.26	100.03	−2.25	

注:表中数据四舍五入,取约数。

澧水干流石门站不同时段输沙量及其变化见表 3-42。与江垭水库运用前相比,石门站多年平均输沙量在江垭水库运用后偏少 194.19 万 t,变化幅度为 55.54%;从各个月变化幅度来看,1—12 月均呈下降趋势,其中 11 月下降幅度最大,达 97.98%。与江垭、皂市水库运用前相比,石门站多年平均输沙量在江垭、皂市水库运用后偏少 251.85 万 t,变化幅度为 72.03%;从各个月变化幅度来看,1—12 月均呈下降趋势,其中 2 月下降幅度最大,达 98.22%。

表 3-42　干流石门站不同时段各月多年平均输沙量及其变化表

单位:亿 m³,%

时段		1月	2月	3月	4月	5月	6月	7月
运用前 (1981—1998 年)		0.06	0.39	3.62	14.10	28.82	86.30	136.47
运用后 (1999—2007 年)		0.00	0.34	0.70	6.84	19.16	55.71	67.35
运用后 (2008—2018 年)		0.00	0.01	0.10	2.09	4.07	31.84	34.78
变化值	输沙量	−0.06	−0.05	−2.92	−7.26	−9.66	−30.59	−69.12
	百分比	−97.97	−12.44	−80.67	−51.50	−33.51	−35.45	−50.65

时段		1月	2月	3月	4月	5月	6月	7月
变化值	输沙量	−0.06	−0.38	−3.52	−12.01	−24.75	−54.46	−101.68
	百分比	−98.20	−98.22	−97.14	−85.19	−85.88	−63.11	−74.51

时段		8月	9月	10月	11月	12月	年
运用前(1981—1998年)		47.99	22.14	4.66	4.87	0.22	349.65
运用后(1999—2007年)		3.48	0.71	1.05	0.10	0.02	155.46
运用后(2008—2018年)		13.84	7.02	3.05	0.97	0.02	97.80
变化值	输沙量	−44.51	−21.42	−3.62	−4.78	−0.20	−194.19
	百分比	−92.74	−96.78	−77.59	−97.98	−90.13	−55.54
变化值	输沙量	−34.15	−15.11	−1.61	−3.91	−0.20	−251.85
	百分比	−71.16	−68.27	−34.59	−80.18	−91.19	−72.03

注:表中数据四舍五入,取约数。

（1）趋势性规律

① 滑动平均分析

根据 1981—2018 年实测资料,石门站多年平均年径流量为 143 万 t,多年年径流量序列及其滑动平均过程见图 3-42。由该图可知,石门站年径流量无明显

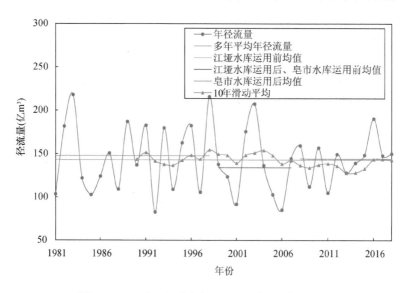

图 3-42　干流石门站多年平均径流量及滑动平均

的变化趋势,主要在多年平均上下波动。其中,1992年年径流量是序列中的最小值,只有83亿m³;1983年年径流量是序列中的最大值,达到218亿m³。相较江垭、皂市水库调度运用后,江垭水库运用后的年径流量下降幅度更大。由滑动平均过程可知,石门站年径流量系列总体无明显变化趋势。

根据1981—2018年实测资料,石门站多年平均输沙量为231万t,多年年输沙量序列及其滑动平均过程见图3-43。由该图可知,石门站1981—1983年为年输沙量上升期,1984—1994年为输沙量下降期,1995—1996年为年输沙量上升期,1997—2005年为年输沙量下降期,2006—2016为上升期。江垭水库运用以及江垭、皂市水库调度运用使得年输沙量显著降低。由滑动平均过程可知,石门站年输沙量系列总体呈明显下降趋势。

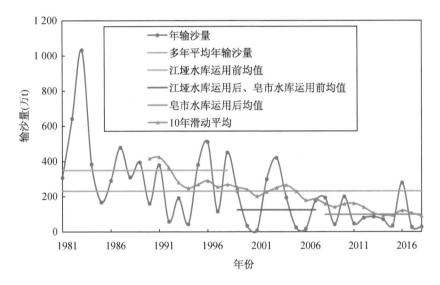

图 3-43 干流石门站多年平均输沙量及滑动平均

② 数理统计检验

石门站1981—2018年年实测径流量、输沙量系列 Mann-Kendall 检验结果见表3-43。由该表可知,石门站年径流量呈不显著增加趋势,而年输沙量呈显著减少趋势。

表 3-43 石门站 1981—2018 年年径流量、年输沙量变化趋势检验结果

类别	Mann-Kendall 检验	变化趋势
年径流量	0.176 0	不显著增加
年输沙量	−3.645 9	显著减少

（2）突变性规律

石门站年径流量的 Mann-Kendall 检验统计见图 3-44。由该图可知,石门站年径流量序列存在多个突变点,为 1984、1988—1998 年、2016 年。石门站输沙量的 Mann-Kendall 检验统计见图 3-45。由该图可知,石门站年输沙量序列存在 1 个突变点,为 1991 年。

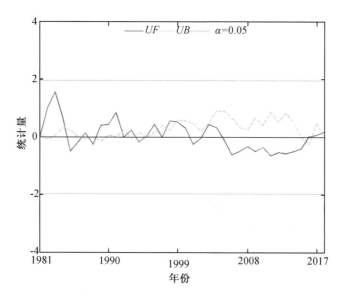

图 3-44　石门站 1981—2018 年年径流量序列 Mann-Kendall 检验统计

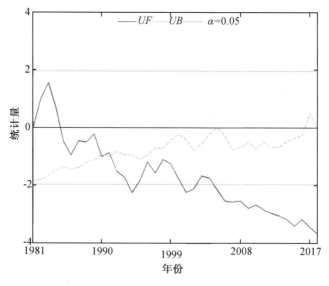

图 3-45　石门站 1981—2018 年年输沙量序列 Mann-Kendall 检验统计

（3）周期性规律

石门站年径流量的小波周期性分析见图 3-46。从小波系数实部等值线图可看出，石门站径流过程中存在 12～25 a、4～11 a 的 2 类尺度周期变化。其中，12～25 a 尺度上出现了丰枯交替的准 1 次震荡，4～11 a 尺度上出现了丰枯交替的准 5 次震荡。

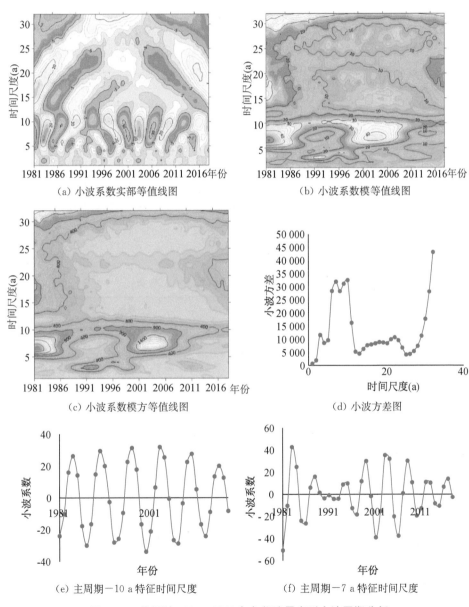

（a）小波系数实部等值线图   （b）小波系数模等值线图

（c）小波系数模方等值线图   （d）小波方差图

（e）主周期－10 a 特征时间尺度   （f）主周期－7 a 特征时间尺度

图 3-46　桃源站 1981—2018 年年径流量序列小波周期分析

从小波系数模等值线图、小波系数模方等值线图可看出，5～10 a 时间尺度周期变化最明显、能量最强。

径流的小波方差图中存在 5 个较为明显的峰值，它们依次对应着 22 a、18 a、10 a、7 a 和 3 a 的时间尺度。其中，最大峰值对应着 10 a 的时间尺度，说明 10 a 左右的周期震荡最强，为年径流变化的第一主周期；7 a 时间尺度对应着第二峰值，为年径流变化的第二主周期，第三、第四、第五峰值分别对应着 3 a、22 a、18 a 的时间尺度，它们依次为年径流变化的第三、第四、第五主周期。

在 10 a 特征时间尺度上，径流变化的平均周期为 7 a 左右，大约经历了 5 个丰枯转换期；而在 7 a 特征时间尺度上，流域的平均变化周期为 5 a 左右，大约经历了 7 个周期的丰枯变化。

3.1.4　三口河系控制站水沙变化分析

20 世纪 50 年代以来，受下荆江裁弯、葛洲坝水利枢纽和三峡水库的兴建等因素影响，荆江河床冲刷下切、同流量下水位下降，三口分流河道河床淤积，加之三口口门段河势调整等，使得荆江三口分流分沙能力一直处于衰减之中。现有研究成果显示，近 60 年来，荆江三口的演变大致可分为 5 个阶段，各阶段起止时间及代表事件见表 3-44。

表 3-44　荆江三口分流变化过程汇总表

阶段	起止时间	代表事件
第一阶段	1956—1966 年	下荆江未裁弯，自然演变阶段
第二阶段	1967—1972 年	下荆江中洲子、上车湾、沙滩子裁弯期
第三阶段	1973—1980 年	裁弯后至葛洲坝截流前
第四阶段	1981—2002 年	葛洲坝截流至三峡水库蓄水前
第五阶段	2003—2019 年	三峡水库蓄水运行后

3.1.4.1　松滋河

3.1.4.1.1　新江口站

（1）分流量及分流比变化

本研究根据统计的 1956—2019 年长江干流枝城站和松滋河新江口站的年径流量，计算分流比（结果见表 3-45），并绘制 1956—2019 年松滋河新江口站年径流量及分流比变化过程（见图 3-47）。

表 3-45　松滋河新江口分时段多年平均年径流量及分流比对比表

时段 起止年份	枝城径流量 （亿 m³）	新江口径流量 （亿 m³）	新江口分流比 （%）
1956—1966	4 515	322.6	7.1
1967—1972	4 302	321.5	7.5
1973—1980	4 441	322.7	7.3
1981—1998	4 438	294.9	6.6
1999—2002	4 454	277.7	6.2
1981—2002	4 444	291.8	6.6
2003—2018	4 188	240.8	5.7
2019	4 473	243.6	5.4

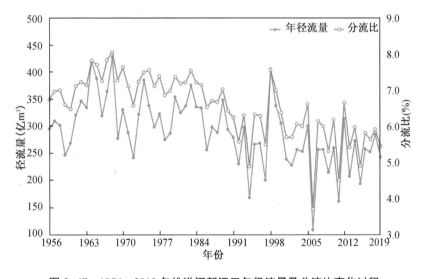

图 3-47　1956—2019 年松滋河新江口年径流量及分流比变化过程

由表 3-45 及图 3-47 可知，1956—1980 年，松滋河新江口站年径流量基本在 320 亿 m³ 左右，分流比在 7% 左右，下荆江裁弯及河床冲刷对松滋河新江口站的年径流量影响不大；1981 年，葛洲坝水利枢纽修建后，新江口站年径流量及分流比开始逐渐减小，到 2003 年后基本稳定。至 2019 年，松滋河新江口站年径流量为 243.6 亿 m³，分流比为 5.4%。

从各阶段均值来看，三峡水库建库后的 2003—2018 年，新江口多年平均年径流量为 240.8 亿 m³，与 1956—1980 年的 322.3 亿 m³ 相比减少了 25%，与 1981—2002 年的 291.8 亿 m³ 相比减少了 17%；三峡水库建库后的 2003—2018

年,分流比的多年均值为 5.7%,与 1956—1966 年的 7.1% 相比减少了 1.4 个百分点,与 1981—2002 年的 6.6% 相比减少了 0.9 个百分点。

(2)分沙量及分沙比变化

本研究根据统计的 1956—2019 年长江干流枝城站和松滋河新江口站的年输沙量,计算分沙比(结果见表 3-46),并绘制 1956—2019 年松滋河新江口站年输沙量及分沙比变化过程(见图 3-48)。

表 3-46　松滋河新江口分时段多年平均年输沙量及分沙比对比表

时段 起止年份	枝城输沙量 (万 t)	新江口输沙量 (万 t)	新江口分沙比 (%)
1956—1966	55 300	3 450	6.2
1967—1972	50 400	3 330	6.6
1973—1980	51 300	3 420	6.7
1981—1998	49 100	3 370	6.9
1999—2002	34 600	2 280	6.6
1981—2002	46 500	3 170	6.8
2003—2018	4 330	360	8.3
2019	1 120	158	14.1

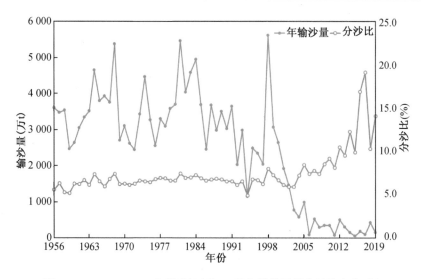

图 3-48　1956—2019 年松滋河新江口站年输沙量及分沙比变化过程

由表 3-46 及图 3-48 可知,1956—1991 年,松滋河新江口站年输沙量在 2 500万～5 500 万 t 之间波动,分沙比基本稳定在 6.5% 左右;1992 年后,年输沙量开始波动减少;1998 年偏多,达 5 610 万 t;此后快速减少,分沙比逐渐增大。2003 年三峡水库建库后至 2018 年,新江口年输沙量减少至 360 万吨左右;2019 年,新江口年输沙量 158 万 t,分沙比为 14.1%。

从各阶段均值来看,三峡水库建库后的 2003—2018 年,新江口多年平均年输沙量为 360 万 t,与 1956—1966 年的 3 450 万 t 相比减少了 90%,与 1981—2002 年的 3 170 万 t 相比减少了 89%;三峡水库建库后的 2003—2018 年,分沙比的多年均值为 8.3%,与 1956—1966 年的 6.2% 相比增加了 2.1 个百分点,与 1981—2002 年的 6.8% 相比增加了 1.5 个百分点。

3.1.4.1.2 沙道观站

（1）分流量及分流比变化

本研究根据统计的 1956—2019 年长江干流枝城站和松滋河沙道观站的年径流量,计算分流比(结果见表 3-47),并绘制 1956—2019 年松滋河沙道观站年径流量及分流比变化过程(见图 3-49)。

表 3-47　松滋河沙道观分时段多年平均年径流量及分流比对比表

时段 起止年份	枝城径流量 （亿 m³）	沙道观径流量 （亿 m³）	沙道观分流比 （%）
1956—1966	4 515	162.5	3.6
1967—1972	4 302	123.9	2.9
1973—1980	4 441	104.8	2.4
1981—1998	4 438	81.7	1.8
1999—2002	4 454	67.2	1.5
1981—2002	4 444	79.04	1.8
2003—2018	4 188	52.91	1.3
2019	4 473	54.68	1.2

由表 3-47 及图 3-49 可知,1956—1966 年,松滋河沙道观站多年平均年径流量为 162.5 亿 m³,多年平均分流比为 3.6%;1967—1972 年间,下荆江开始系统性裁弯,其间荆江河床冲刷,松滋河沙道观站年径流量逐渐减小,分流比也逐渐减小;1973—1998 年,荆江河床继续冲刷,松滋河沙道观分流能力持续衰减,1973—1980 年多年平均年径流量为 104.8 亿 m³,1981—1998 年多年平均年径流量为 81.7 亿 m³;1998 年后,沙道观站年径流量、分流比基本稳定,2003—2018 年多年平均年径流量为 52.91 亿 m³,多年平均分流比为 1.3%,2019 年沙道观站年径流量为 54.68 亿 m³,分流比为 1.2%。

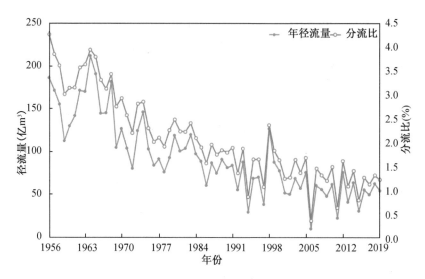

图 3-49 1956—2019 年松滋河沙道观年径流量及分流比变化过程

从各阶段均值来看,三峡水库建库后的 2003—2018 年,松滋河沙道观站的多年平均年径流量为 52.91 亿 m³,与 1956—1966 年的 162.5 亿 m³ 相比减少了 67%,与 1981—2002 年的 79.04 亿 m³ 相比减少了 33%;三峡水库建库后的 2003—2018 年,分流比的多年均值为 1.3%,与 1956—1966 年的 3.6% 相比减少了 2.3 个百分点,与 1981—2002 年的 1.8% 相比减少了 0.5 个百分点。

(2)分沙量及分沙比变化

本研究根据统计的 1956—2019 年长江干流枝城站和松滋河沙道观站的年输沙量,计算分沙比(结果见表 3-48),并绘制 1956—2019 年松滋河沙道观站年输沙量及分沙比变化过程(见图 3-50)。

表 3-48 松滋河沙道观分时段多年平均年输沙量及分沙比对比表

时段 起止年份	枝城输沙量 (万 t)	沙道观输沙量 (万 t)	沙道观分沙比 (%)
1956—1966	55 300	1 900	3.4
1967—1972	50 400	1 510	3.0
1973—1980	51 300	1 290	2.5
1981—1998	49 100	1 050	2.1
1999—2002	34 600	570	1.6
1981—2002	46 500	980	2.1
2003—2018	4 330	107	2.5
2019	1 120	35.1	3.1

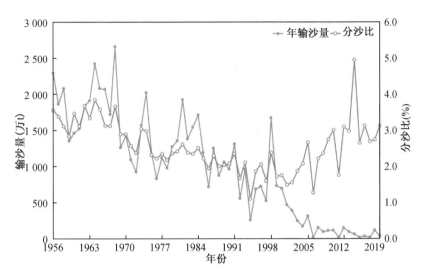

图 3-50　1956—2019 年松滋河沙道观年输沙量及分沙比变化过程

由表 3-48 及图 3-50 可知,1956—1966 年,松滋河沙道观站多年平均年输沙量为 1 900 万 t,分沙比为 3.4％;1967 年后,年输沙量及分沙比均开始波动减小;沙道观多年平均年输沙量在 1967—1972 年为 1 510 万 t,在 1973—1980 年为 1 290 万 t,在 1981—2002 年为 980 万 t。2000 年后,沙道观年输沙量快速减少,分沙比在 1999—2002 年的均值为 1.6％,此后逐渐增大;2019 年,沙道观年输沙量为 35.1 万 t,分沙比为 3.1％。

从各阶段均值来看,三峡水库建库后的 2003—2018 年,沙道观的多年平均年输沙量为 107 万 t,与 1956—1966 年的 1 900 万 t 相比减少了 94％,与 1981—2002 年的 980 万 t 相比减少了 89％;三峡水库建库后的 2003—2018 年,分沙比的多年均值为 2.5％,与 1956—1966 年的 3.4％相比减少了 0.9 个百分点,与 1981—2002 年的 2.1％相比增加了 0.4 个百分点。

3.1.4.1.3　安乡站

（1）分流量及分流比变化

本研究根据统计的 1981—2018 年松滋河安乡站的年径流量,计算分流比(结果见表 3-49),并绘制 1981—2018 年松滋河安乡站年径流量及分流比变化过程(见图 3-51)。

由表 3-49 及图 3-51 可知,1981—1998 年多年平均年径流量为 343 亿 m³;1981 年后,安乡站年径流量、分流比基本稳定,2003—2018 年年径流量在 250 亿～350 亿 m³ 之间波动(2006、2011 年除外),分流比在 6.5％～7.5％之间波动(2006、2011 年除外)。

表 3-49　松滋河安乡分时段多年平均年径流量及分流比对比表

时段 起止年份	枝城径流量 （亿 m³）	安乡径流量 （亿 m³）	安乡分流比 （％）
1956—1966	4 515	—	—
1967—1972	4 302	—	—
1973—1980	4 441	—	—
1981—1998	4 438	343	7.7
1999—2002	4 454	303	6.8
1981—2002	4 444	335	7.5
2003—2018	4 188	276	6.6
2019	4 473	—	—

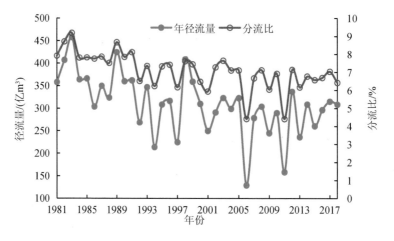

图 3-51　1981—2018 年松滋河安乡年径流量及分流比变化过程

从各阶段均值来看,三峡水库建库后的 2003—2018 年,安乡站的多年平均年径流量为 276 亿 m³,与 1981—2002 年的 335 亿 m³ 相比减少了 18％;三峡水库建库后的 2003—2018 年,分流比的多年均值为 6.6％,与 1981—2002 年的 7.5％相比下降了 0.9 个百分点。

（2）分沙量及分沙比变化

本研究根据统计的 1981—2018 年长江干流枝城站和安乡站的年输沙量,计算分沙比(结果见表 3-50),并绘制 1981—2018 年安乡站年输沙量及分沙比变化过程(见图 3-52)。

表 3-50　松滋河安乡分时段多年平均年输沙量及分沙比对比表

时段 起止年份	枝城输沙量 （万 t）	安乡输沙量 （万 t）	安乡分沙比 （％）
1956—1966	55 300	—	—
1967—1972	50 400	—	—
1973—1980	51 300	—	—
1981—1998	49 100	2 650	5.4
1999—2002	34 600	1 636	4.7
1981—2002	46 500	2 465	5.3
2003—2018	4 330	322	7.4
2019	1 120	—	—

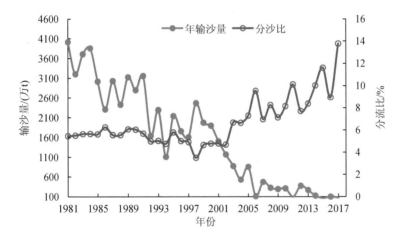

图 3-52　1981—2018 年松滋河安乡年输沙量及分沙比变化过程

由表 3-50 及图 3-52 可知，1999—2002 年，安乡站多年平均年输沙量为 1 636 万 t，分沙比为 4.7％；1998 年后年输沙量开始急剧减少，分沙比开始波动上升。

从各阶段均值来看，三峡水库建库后的 2003—2018 年，安乡站输沙量波动减少，安乡站的多年平均年输沙量为 322 万 t，与 1981—2002 年的 2 465 万 t 相比减少了 87％；三峡水库建库后的 2003—2018 年，分沙比的多年均值为 7.4％，与 1981—2002 年的 5.3％相比增加了 2.1 个百分点。

3.1.4.2 虎渡河

3.1.4.2.1 弥陀寺站

（1）分流量及分流比变化

本研究根据统计的 1956—2019 年长江干流枝城站和虎渡河弥陀寺站的年径流量，计算分流比（结果见表 3-51），并绘制 1956—2019 年虎渡河弥陀寺站年径流量及分流比变化过程（见图 3-53）。

表 3-51 虎渡河弥陀寺分时段多年平均年径流量及分流比对比表

时段 起止年份	枝城径流量 （亿 m³）	弥陀寺径流量 （亿 m³）	弥陀寺分流比 （%）
1956—1966	4 515	209.7	4.6
1967—1972	4 302	185.8	4.3
1973—1980	4 441	159.9	3.6
1981—1998	4 438	133.4	3.0
1999—2002	4 454	125.6	2.8
1981—2002	4 444	132.0	3.0
2003—2018	4 188	82.31	2.0
2019	4 473	47.06	1.1

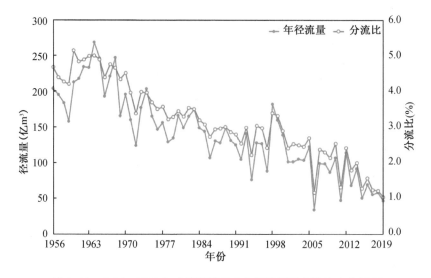

图 3-53 1956—2019 年虎渡河弥陀寺年径流量及分流比变化过程

由表 3-51 及图 3-53 可知,1956—1966 年,虎渡河弥陀寺站多年平均年径流量在 210 亿 m³ 左右,分流比为 4.6%。1967 年后,随着下荆江开始系统性裁弯,荆江河床冲刷,虎渡河弥陀寺站年径流量、分流比逐渐减小;多年平均年径流量在 1967—1972 年为 185.8 亿 m³,1973—1980 年为 159.9 亿 m³,2003—2018 年为 82.31 亿 m³,2019 年年径流量为 47.06 亿 m³;多年平均分流比在 1967—1972 年为 4.3%,1973—1998 年为 3.3%,2003—2018 年为 2.0%,2019 年分流比为 1.1%。

从各阶段均值来看,三峡水库建库后的 2003—2018 年,虎渡河弥陀寺站的多年平均径流量较 1956—1966 年相比减少了 61%,与 1981—2002 年的 132.0 亿 m³ 相比减小了 38%;三峡水库建库后的 2003—2018 年,分流比多年均值为 2.0%,与 1956—1966 年的 4.6% 相比减少了 2.6 个百分点,与 1981—2002 年的 3.0% 相比减少了 1.0 个百分点。

(2)分沙量及分沙比变化

本研究根据统计的 1956—2019 年长江干流枝城站和虎渡河弥陀寺站的年输沙量,计算分沙比(结果见表 3-52),并绘制 1956—2019 年虎渡河弥陀寺站年输沙量及分沙比变化过程(见图 3-54)。

表 3-52 虎渡河弥陀寺分时段多年平均年输沙量及分沙比对比表

时段 起止年份	枝城输沙量 (万 t)	弥陀寺输沙量 (万 t)	弥陀寺分沙比 (%)
1956—1966	55 300	2 400	4.3
1967—1972	50 400	2 130	4.2
1973—1980	51 300	1 940	3.8
1981—1998	49 100	1 640	3.3
1999—2002	34 600	1 020	2.9
1981—2002	46 500	1 530	3.3
2003—2018	4 330	119	2.7
2019	1 120	24.6	2.2

由表 3-52 及图 3-54 可知,1956—1966 年,虎渡河弥陀寺站多年平均年输沙量为 2 400 万 t,多年平均分沙比为 4.3%;1968 年后,年输沙量及分沙比均开始波动减小;弥陀寺多年平均年输沙量在 1967—1972 年为 2 130 万 t,在 1973—1980 年为 1 940 万 t,在 1981—2002 年为 1 530 万 t,2000 年后快速减小,分沙比在 1999—2002 年的均值为 2.9%,此后在 3% 左右波动;2019 年,弥陀寺年输沙量为 24.6 万 t,分沙比为 2.2%。

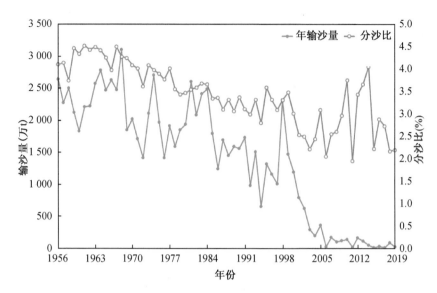

图 3-54　1956—2019 年虎渡河弥陀寺年输沙量及分沙比变化过程

从各阶段均值来看,三峡水库建库后的 2003—2018 年,弥陀寺的多年平均年输沙量为 119 万 t,与 1956—1966 年的 2 400 万 t 相比减小了 95%,与 1981—2002 年的 1 530 万 t 相比减小了 92%;三峡水库建库后的 2003—2018 年,分沙比的多年均值为 2.7%,与 1956—1966 年的 4.3% 相比减少了 1.6 个百分点,与 1981—2002 年的 3.3% 相比减少了 0.6 个百分点。

3.1.4.2.2　董家垱站

(1) 分流量及分流比变化

本研究根据统计的 1981—2018 年长江干流枝城站和董家垱站的年径流量,计算分流比,结果见表 3-53;绘制 1981—2018 年董家垱站年径流量及分流比变化过程,见图 3-55。

表 3-53　虎渡河董家垱分时段多年平均年径流量及分流比对比表

时段 起止年份	枝城径流量 （亿 m³）	董家垱径流量 （亿 m³）	董家垱分流比 （%）
1956—1966	4 515	—	—
1967—1972	4 302	—	—
1973—1980	4 441	—	—
1981—1998	4 438	106	2.4
1999—2002	4 454	86	1.9

续表

时段	枝城径流量	董家垱径流量	董家垱分流比
起止年份	（亿 m³）	（亿 m³）	（％）
1981—2002	4 444	102	2.3
2003—2018	4 188	45	1.1
2019	4 473	—	—

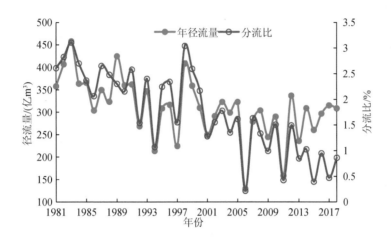

图 3-55　1981—2018 年虎渡河董家垱年径流量及分流比变化过程

由表 3-53 及图 3-55 可知,1993—1997 年,虎渡河董家垱站多年平均年径流量在 300 亿 m³ 左右,分流比在 2.0％左右;1998 年年径流量为 408 亿 m³,达最大值;1999—2005 年为 300 亿 m³ 左右,分流比在 1.50％左右;2006 年年径流量最小,为 129 亿 m³;2007—2018 年,多年平均年径流量维持在 300 亿 m³ 左右,分流比呈下降趋势。

从各阶段均值来看,三峡水库建库后的 2003—2018 年,虎渡河董家垱站的多年平均年径流量较 1981—2002 年相比减少了 57 亿 m³;三峡水库建库后的 2003—2018 年,分流比多年均值为 1.1％,与 1981—2002 年的 2.3％相比减少了 1.2 个百分点。

（2）泥沙

董家垱为地方自建站,长期以来监测水位、流量过程,受本项目资助正在开展泥沙监测。2019 年泥沙监测发现,董家垱受上游南闸影响,其泥沙变化过程主要在 7、8 月主汛期,其中 7 月 2 日输沙量为 0.33 万 t,8 月 1 日输沙量为 0.69 万 t,全年输沙量为 13.24 万 t。

表 3-54   虎渡河董家垱输沙量

年份	日平均值(万 t)	年值(万 t)
2019	0.036	13.24

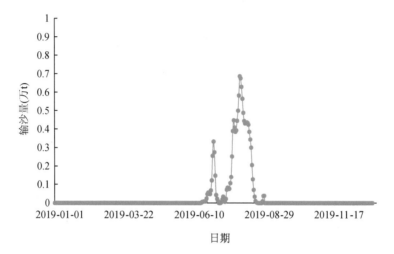

图 3-56   2019 年虎渡河董家垱年输沙量及分沙比变化过程

3.1.4.3   藕池河

3.1.4.3.1   管家铺站

(1) 分流量及分流比变化

本研究根据统计的 1956—2019 年长江干流枝城站和藕池河管家铺站的年径流量,计算分流比,结果见表 3-55;绘制 1956—2019 年藕池河管家铺站年径流量及分流比变化过程,见图 3-57。

表 3-55   藕池河管家铺分时段多年平均年径流量及分流比对比表

时段 起止年份	枝城径流量 (亿 m³)	管家铺径流量 (亿 m³)	管家铺分流比 (%)
1956—1966	4 515	588.0	13.0
1967—1972	4 302	368.8	8.6
1973—1980	4 441	235.6	5.3
1981—1998	4 438	178.3	4.0
1999—2002	4 454	146.1	3.3

时段 起止年份	枝城径流量 （亿 m³）	管家铺径流量 （亿 m³）	管家铺分流比 （%）
1981—2002	4 444	172.4	3.9
2003—2018	4 188	101.8	2.4
2019	4 473	92.88	2.1

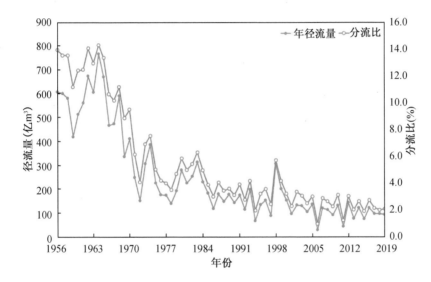

图 3-57　1956—2019 年藕池河管家铺年径流量及分流比变化过程

由表 3-55 及图 3-57 可知,1956—1966 年,藕池河管家铺站多年平均年径流量在 590 亿 m³ 左右,分流比为 13.0%;1967 年以后,藕池河管家铺站的年径流量、分流比逐渐减小,1967—1972 年间,下荆江开始系统性裁弯,其间荆江河床冲刷,管家铺站多年平均年径流量减小至 370 亿 m³ 左右,分流比减小为8.6%左右;1973 年后,管家铺分流能力继续减小、速率降低;2001 年后,管家铺站年径流量、分流比基本稳定,2019 年年径流量为 92.88 亿 m³,分流比为 2.1%。

从各阶段均值来看,三峡水库建库后的 2003—2018 年,藕池河管家铺站的多年平均径流量为 101.8 亿 m³,与 1956—1966 年的 588.0 亿 m³ 相比减少了83%,与 1981—2002 年的 172.4 亿 m³ 相比减少了 41%;三峡水库建库后的2003—2018 年,分流比多年均值为 2.4%,与 1956—1966 年的 13.0% 相比减少了 10.6 个百分点,与 1981—2002 年的 3.9% 相比减少了 1.5 个百分点。

（2）分沙量及分沙比变化

本研究根据统计的 1956—2019 年长江干流枝城站和藕池河管家铺站的年

输沙量,计算分沙比,结果见表 3-56;绘制 1972—2019 年藕池河管家铺站年输沙量及分沙比变化过程,见图 3-58。

表 3-56　藕池河管家铺分时段多年平均年输沙量及分沙比对比表

时段 起止年份	枝城输沙量 （万 t）	管家铺输沙量 （万 t）	管家铺分沙比 （%）
1956—1966	55 300	10 800	19.5
1967—1972	50 400	6 760	13.4
1973—1980	51 300	4 220	8.2
1981—1998	49 100	3 060	6.2
1999—2002	34 600	1 690	4.9
1981—2002	46 500	2 810	6.0
2003—2018	4 330	269	6.2
2019	1 120	83.6	7.5

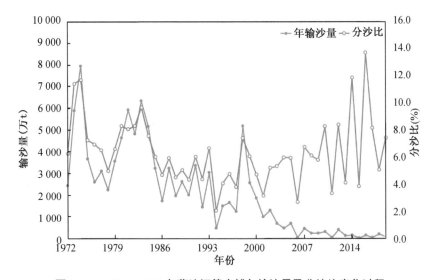

图 3-58　1972—2019 年藕池河管家铺年输沙量及分沙比变化过程

由表 3-56 可知,藕池河管家铺站 1956—1966 年多年平均年输沙量为 10 800 万 t,分沙比为 19.5%;1967—1972 年多年平均年输沙量为 6 760 万 t,分沙比为 13.4%;结合图 3-58 可知,1972 年后,年输沙量及分沙比均波动减小;2000 年后,藕池河管家铺站年输沙量快速减少,分沙比波动增加;2019 年,管家铺年输沙量为 83.6 万 t,分沙比为 7.5%。

从各阶段均值来看,三峡水库建库后的 2003—2018 年,管家铺的多年平均年输沙量为 269 万 t,与 1956—1966 年的 10 800 万 t 相比减少了 98%,与 1981—2002 年的 2 810 万 t 相比减少了 90%;三峡水库建库后的 2003—2018 年,分沙比的多年均值为 6.2%,与 1956—1966 年的 19.5% 相比减少了 13.3 个百分点,与 1981—2002 年的 6.0% 相比增加了 0.2 个百分点。

3.1.4.3.2 康家岗站

(1)分流量及分流比变化

本研究根据统计的 1956—2019 年长江干流枝城站和藕池河康家岗站的年径流量,计算分流比,结果见表 3-57;绘制 1956—2019 年藕池河康家岗站年径流量及分流比变化过程,见图 3-59。

表 3-57 藕池河康家岗站分时段多年平均年径流量及分流比对比表

时段 起止年份	枝城径流量 (亿 m³)	康家港径流量 (亿 m³)	康家港分流比 (%)
1956—1966	4 515	48.8	1.08
1967—1972	4 302	21.4	0.50
1973—1980	4 441	11.3	0.25
1981—1998	4 438	10.3	0.23
1999—2002	4 454	8.7	0.20
1981—2002	4 444	10.01	0.23
2003—2018	4 188	3.624	0.09
2019	4 473	2.142	0.05

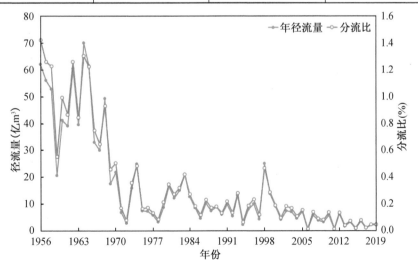

图 3-59 1956—2019 年藕池河康家岗站年径流量及分流比变化过程

由表 3-57 及图 3-59 可知,1956—1966 年,藕池河康家岗站多年平均年径流量为 48.8 亿 m³,分流比为 1.08%;1967 年以后,藕池河康家岗站的年径流量、分流比逐渐减少;1967—1972 年间,下荆江开始系统性裁弯,其间荆江河床冲刷,康家岗站多年平均年径流量减少至 21.4 亿 m³,分流比减少至 0.50%;1973 年后,康家岗分流能力继续减小、速率降低;康家岗站年径流量、分流比在 1981—2002 年基本稳定,2003 年三峡水库建库后进一步减少,2019 年年径流量为 2.142 亿 m³,分流比为 0.05%。

从各阶段均值来看,三峡水库建库后的 2003—2018 年,藕池河康家岗站的多年平均年径流量为 3.624 亿 m³,与 1956—1966 年的 48.8 亿 m³ 相比减少了 93%,与 1981—2002 年的 10.01 亿 m³ 相比减少了 64%;三峡水库建库后的 2003—2018 年,分流比多年均值为 0.09%,与 1956—1966 年的 1.08% 相比减少了 0.99 个百分点,与 1981—2002 年的 0.23% 相比减少了 0.14 个百分点。

(2) 分沙量及分沙比变化

本研究根据统计的 1956—2019 年长江干流枝城站和藕池河康家岗站的年输沙量,计算分沙比,结果见表 3-58;绘制 1964—2019 年藕池河康家岗站年输沙量及分沙比变化过程,见图 3-60。

表 3-58 藕池河康家岗分时段多年平均年输沙量及分沙比对比表

时段 起止年份	枝城输沙量 (万 t)	康家岗输沙量 (万 t)	康家岗分沙比 (%)
1956—1966	55 300	1 070	1.93
1967—1972	50 400	460	0.91
1973—1980	51 300	220	0.43
1981—1998	49 100	180	0.37
1999—2002	34 600	110	0.32
1981—2002	46 500	170	0.37
2003—2018	4 330	11.2	0.26
2019	1 120	1.39	0.12

由表 3-58 及图 3-60 可知,藕池河康家岗站 1956—1966 年多年平均年输沙量为 1 070 万 t,分沙比为 1.93%;1964 年后,藕池河康家岗年输沙量及分沙比均快速减少;1967—1972 年多年平均年输沙量为 460 万 t,分沙比为 0.91%;1973—1980 年多年平均年输沙量为 220 万 t,分沙比为 0.43%;1981—2002 年多年平均年输沙量为 170 万 t,分沙比为 0.37%;2000 年后,藕池河康家岗站年输沙量进一步减少,分沙比基本稳定,2019 年,康家岗年输沙量为 1.39 万 t,分沙比为 0.12%。

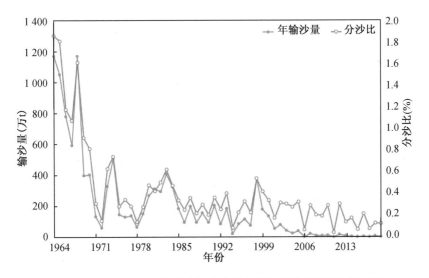

图 3-60　1964—2019 年藕池河康家岗年输沙量及分沙比变化过程

从各阶段均值来看,三峡水库建库后的 2003—2018 年,康家岗的多年平均年输沙量为 11.2 万 t,与 1956—1966 年的 1 070 万 t 相比减少了 99%,与1981—2002 年的 170 万 t 相比减少了 93%;三峡水库建库后的 2003—2018 年,分沙比的多年均值为 0.26%,与 1956—1966 年的 1.93% 相比减少了 1.67 个百分点,与 1981—2002 年的 0.37% 相比减少了 0.11 个百分点。

3.2　典型洪水分析

3.2.1　1995 年

1995 年 6—7 月,长江中下游干流以南主要是洞庭湖、鄱阳湖地区受梅雨期大范围、强降雨影响,出现了接近或超过历史最高纪录的大洪水,属于两湖来水遭遇形成的中游型大洪水。两湖地区洪水位接近或超过历史最高纪录。汉口洪峰水位居有记录以来第四位,九江洪峰水位超历史纪录,下游大通站出现 1949年以后的第二高位洪水。洞庭湖水系来水过程线见图 3-61。

入汛初期(4—6 月),雨带位置维持在江南,降雨较往年同期偏多,干流螺山以下及两湖湖区 5 月前水位偏高,5 月接近常年。梅雨期出现在 6 月 13 日—7 月 7 日,历时 25 天,具有入梅时间正常、梅雨期偏长、降水过程频繁、降雨强度大且集中等特点。梅雨期内出现 4 次降雨过程,其中,6 月 29 日—7 月 3 日,主雨带在干流及其南侧,29 日两湖南部出现大到暴雨,局地大暴雨和特大暴雨,30日沅江上游有较大面积的大暴雨区,1 日主要暴雨区在洞庭湖与资水、沅水上游,大暴雨区在洞庭湖区及陆水流域。

6月29日—7月2日,长江中下游两湖地区受强降水的影响,造成洞庭湖湘、资、沅水的大洪水过程。湘江湘潭站流量由5 590 m³/s增至13 700 m³/s;沅水桃源站水位由6月30日24时的37.59 m猛增至45.86 m,居历史第五高位,7月2日出现洪峰流量25 800 m³/s,居历史第四高位;资水桃江站7月2日的洪峰水位为44.31 m,居历史第四高位,流量11 500 m³/s,居历史第三高位;澧水石门站7月8日20时洪峰流量13 200 m³/s。

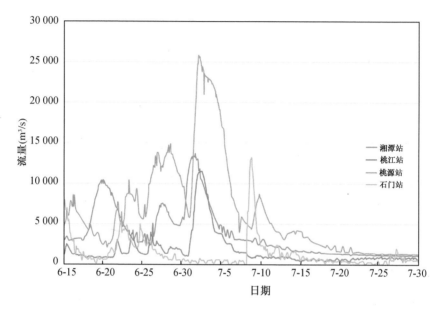

图3-61 1995年6—7月洞庭湖水系来水过程线

3.2.2 1996年

1996年7月,长江中下游继1995年大水年后,再次出现由洞庭湖水系洪水与干流区间鄂东北水系洪水遭遇形成的中游型大洪水。洞庭湖水系来水过程线见图3-62。

进入梅雨期,长江流域出现4次洪水,特别是7月中旬,监利至螺山河段及洞庭湖区多站水位超当时历史纪录。其中,7月初,洞庭湖水系出现一次较大涨水过程,沅江桃源站4日洪峰流量14 000 m³/s,澧水石门站流量由2日的888 m³/s猛增至3日的11 300 m³/s。7月中旬,长江中下游发生了一次罕见的致峰暴雨过程,暴雨中心维持在沅水、资水、洞庭湖区及鄂东北诸支流,并稳定少动。沅江桃源站水位由7月14日8时的36.48 m急剧上涨至19日2时的46.90 m,居历史第二高位,17日出现最大流量29 100 m³/s,居历史第一高位;资水桃江站 7 月 17 日 7 时的洪峰水位高达 44.44 m,居历史第三高位,16 日出现洪峰流量 11 600 m³/s,居历史第二高位。受洞庭湖来水影响,干流监利、莲花塘、螺山三站洪峰水位分别为 37.06 m、35.01 m、34.17 m。

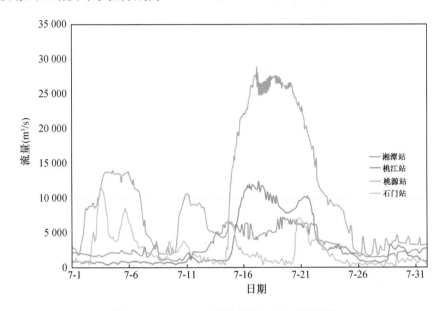

图 3-62　1996 年 7 月洞庭湖水系来水过程线

3.2.3　1998 年

　　1998 年长江流域气候异常,稳定、频繁的暴雨过程使长江干支流自 6 月中旬至 8 月底先后发生了大洪水,长江上游干流出现 8 次洪峰,并与中下游洪水遭遇,形成 20 世纪第二位全流域型大洪水,洪量仅次于 1954 年,中下游多数河段水位则居有记录以来首位。洞庭湖水系来水过程线见图 6-63。

　　6 月 11 日—8 月 29 日,流域内共出现 11 次暴雨过程,其中过程历时最长为 11 天,最短 3 天,暴雨的高发生率、大笼罩面积均为历史少见。6—7 月的两度梅雨期,主雨带维持在中游干流及江南共长达 37 天之久,第 4 阶段降雨历时近 8 月整月,主雨带维持在长江上游及汉水中上游地区窄幅摆动。主雨带南北“拉锯”,阶段性雨带位置较为稳定,上、下游暴雨交替出现,如 7 月 4 日的 1 度梅结束,雨带北跳至长江上游,7 月 16 日主雨带异常南退至中下游并再度稳定,8 月 1 日又回到上游地区,形成了一次北进—南退—再北进的异常波动。此外,流域内暴雨集中,持续发生且滞留性强。

　　受持续强降雨影响,在上游及两湖来水的作用下,自 6 月 28 日起,长江中下游干流监利以下全线超警戒水位。7 月初,三峡区间出现大暴雨,致使宜昌 7 月

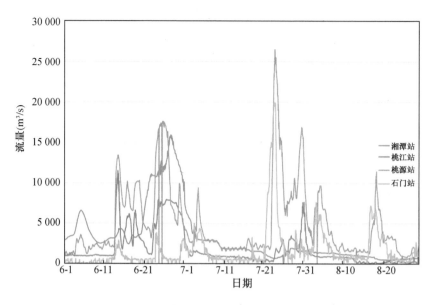

图 3-63　1998 年 6—8 月洞庭湖水系来水过程线

2 日出现 54 500 m³/s 的洪峰流量。7 月 4 日以后,中下游干流监利、武穴和九江站先后出现超历史纪录的洪水位。7 月 6—20 日,随着西太平洋副热带高压带的西伸北抬,长江流域主雨带转移到上游和汉水中下游地区。受金沙江、岷江和嘉陵江降雨的影响,宜昌站 7 月 17 日出现第二次洪峰,流量为 55 900 m³/s。由于上游来水持续不断,宜昌流量从 7 月 11 日至 20 日连续超过 50 000 m³/s,中下游干流宜昌以下水位缓退后返涨,再次全线突破警戒水位。7 月下旬,主雨带重新回到中下游地区,乌江、澧水、沅江、鄂东北诸支流以及鄱阳湖的部分地区出现了持续性的大暴雨,致使宜昌 24 日出现第三次洪峰流量 51 700 m³/s,澧水石门站 23 日出现有水文记载以来的最大洪峰流量 19 900 m³/s,沅江桃源站 24 日出现洪峰流量 25 000 m³/s,西洞庭湖全面出现超历史纪录的洪水。由于上游持续来水、下游严重顶托,7 月 24 日以后,石首、监利、莲花塘、螺山、武穴、九江、城陵矶和湖口站相继出现超历史纪录的洪水位。进入 8 月份,雨带又迅速推移到上游地区,且维持时间长,宜昌站连续出现 5 次洪峰,其中以 16 日 14 时出现的 63 300 m³/s 的洪峰流量为最大,且 50 000 m³/s 以上流量维持时间达 20 多天。在长江中下游水位高居不下的严峻形势下,上游洪水接踵而至,中下游干流各站相继出现年最高水位。其中,沙市、石首、监利、莲花塘、螺山、武穴、九江等站洪峰水位分别为 45.22 m、40.94 m、38.31 m、35.80 m、34.95 m、24.04 m、23.03 m,均居历史系列第一高位;枝城、汉口、黄石、安庆、大通等站洪峰水位分别为 50.62 m、29.43 m、26.32 m、18.54 m、16.32 m,均为历史系列第二高位。

3.2.4 2016年

2016年汛期,长江流域发生3次较大洪水,第一次发生在长江上游,三峡水库入库流量50 000 m³/s(7月1日14时),为长江2016年第1号洪水;第二次发生在长江中下游,中下游干流监利以下江段全线超警,形成了长江2016年第2号洪水;第三次同样发生在长江中下游,以监利至九江江段水位回涨,监利至汉口江段再次超警为主要特征。7月中旬出梅后,来水涝旱急转,长江中下游部分地区出现旱情。洞庭湖水系来水过程线见图3-64。

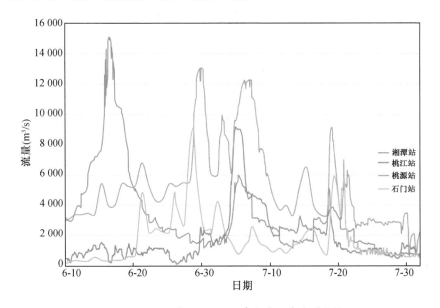

图3-64 2016年6—7月洞庭湖水系来水过程线

长江流域于6月18日进入梅雨期,入梅后连续有四次强降雨过程发生,其中,6月18—21日,主雨带位于长江干流一线;6月22—25日,主雨带位于长江上游干流、乌江及中下游干流附近;6月26—28日,主雨带位于乌江及长江中下游干流附近;6月30日—7月6日,主雨带位于三峡区间、长江中下游干流附近及洞庭湖水系。

受长江中下游地区6月30日—7月6日持续强降雨过程影响,洞庭湖水系资水、沅江,长江中游干流附近地区,鄂东北诸支流,鄱阳湖水系修水及长江下游水阳江、滁河等支流的来水大幅增加。

洞庭湖水系资水柘溪水库7月4日14时出现最大入库流量20 400 m³/s,经水库调蓄后,最大出库流量为6 190 m³/s(7月4日23时),削峰超14 000 m³/s,削峰率约69%;桃江站7月4日7时出现洪峰水位43.29 m(相应流量9 250 m³/s),超过警戒水位4.09 m;益阳站7月5日8时出现洪峰水位38.5 m,超过警戒水位 2 m。沅江五强溪水库 7 月 5 日 9 时出现最大入库流量 22 300 m³/s,经水库调蓄后,最大出库流量为 10 700 m³/s(7 月 5 日 8 时),削峰 11 600 m³/s,削峰率约 52%。洞庭四水 7 月 5 日 20 时出现最大合成流量 27 000 m³/s。

受上述来水影响,2016 年长江第 2 号洪水形成。7 月 4 日前后长江中下游监利以下江段全线超过警戒水位。城陵矶(莲花塘)站 7 日 23 时出现洪峰水位 34.29 m,接近保证水位 34.40 m。

受长江中下游地区 7 月 18 日—7 月 20 日持续强降雨过程影响,洞庭湖沅江和澧水来水大幅增加。沅江五强溪水库 7 月 20 日 15 时出现最大入库流量 13 900 m³/s;澧水石门站 7 月 19 日 4 时 3 分出现洪峰流量 6 820 m³/s;洞庭四水 7 月 19 日 2 时出现最大合成流量 22 800 m³/s。

受上述来水影响,中下游干流监利至九江江段水位 7 月 18 日前后相继回涨,其中监利至汉口江段再次超警,超警幅度在 0.18~0.53 m 之间。

3.2.5　2017 年

2017 年 6—7 月,长江发生中游型大洪水,洞庭湖水系发生特大洪水,鄱阳湖水系部分支流发生大洪水。洪水期间,长江流域共有 107 条河流 183 站发生超警及以上洪水,其中 30 站超过保证水位,21 站超历史实测纪录;干流莲花塘以下江段全线超过警戒水位,莲花塘站接近保证水位。2017 年 6—7 月洞庭湖七里山站水位过程及洞庭湖水系来水过程线分别见图 3-65 和图 3-66。

梅雨期(6 月 9 日—7 月 11 日)强降雨中心主要位于中下游干流偏南地区,其间共发生 5 次明显的降雨过程,其中发生在 6 月 22—28 日和 6 月 29 日—7 月 2 日的 2 次强降雨过程,持续时间长、雨带稳定、强度大,直接导致洞庭湖水系特大洪水。受强降雨影响,7 月 1 日 8 时长江中游干流莲花塘站水位超警,2017 年长江第 1 号洪水形成,3 日莲花塘以下长江中下游干流主要站全线超警,4—8 日先后现过峰转退,16 日全线退出警戒水位。

6 月 22—28 日,强降雨带在两湖水系呈东西向维持,两湖水系来水快速增加,洞庭湖水系湘江、资水及鄱阳湖水系主要支流(除抚河外)均发生超警洪水。其中,洞庭湖水系的资水桃江站、沅江桃源站分别于 24 日、25 日出现洪峰流量 6 780 m³/s、18 400 m³/s;沅江五强溪水库于 25 日出现入库洪峰流量 22 800 m³/s,26 日最高拦蓄至 104.03 m;湘江干流各站除全州、老埠头外 29 日水位均超警戒,湘潭站 30 日超保证水位;25 日 8 时,洞庭四水合成流量最大涨至 30 300 m³/s。

6 月 29 日—7 月 2 日,强降雨区呈西南—东北向,移动缓慢,主要影响洞庭湖沅江、资水、湘江,湘江发生超历史洪水,沅江、资水发生超保证水位洪水,五强溪、柘溪、柘林等水库全力拦蓄洪水,库水位接近或超过正常蓄水位。其中,洞庭

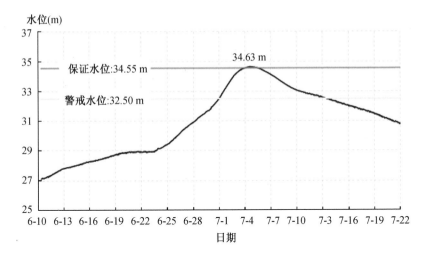

图 3-65　洞庭湖七里山站水位过程图

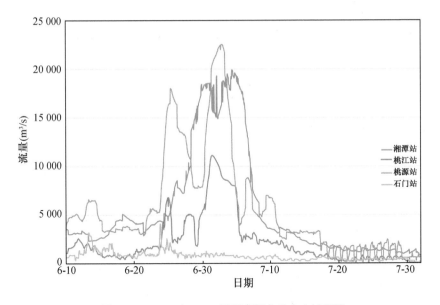

图 3-66　2017 年 6—7 月洞庭湖水系来水过程线

湖水系的资水桃江站、沅江桃源站于 1—2 日相继超保证水位,洪峰水位分别为 44.13 m、45.43 m,分别超保证水位 1.83 m、0.03 m;沅江五强溪水库、资水柘溪水库均于 1 日出现最大入库流量,分别达到 32 400 m³/s、15 800 m³/s;湘江干流及下游支流涟水、浏阳河、捞刀河、沩水发生超历史实测洪水,湘潭站、长沙站均于 3 日超保证水位;受上述来水影响,洞庭四水合成流量 7 月 3 日 2 时最大涨至 51 000 m³/s,与此同时,汨罗江等湖区支流发生大洪水。

受两湖水系来水及区间降雨影响,长江干流及两湖出口控制站水位持续快速上涨,于 7 月 1 日至 3 日相继超过警戒水位。

鉴于长江中下游防汛形势严峻,长江上中游水库群实施对城陵矶地区的联合防洪调度。金沙江中游、雅砻江梯级水库配合拦蓄水量,溪洛渡与向家坝联合运用;同时,洞庭湖水系主要水库全力拦洪削峰。上中游水库群的联合防洪调度,降低了洞庭湖区及长江干流城陵矶河段洪峰水位,缩短了高水位持续时间,确保了长江干流莲花塘水位不超保证水位,显著减轻了洞庭湖区及长江中下游的防洪压力。

3.3 小结

(1) 长江干流宜昌、枝城、沙市、监利、螺山站年径流量呈减少趋势,突变点主要发生在 1990 年前后。年输沙量呈显著减少趋势,突变点主要发生在 2003 年。2003 年以后各站 1—5 月、12 月各月多年平均径流量偏大,1、2 月份变化幅度最大;6—11 月各月多年平均径流量偏小,10 月份变化幅度最大。

(2) 与三峡水库运用前相比,湖区各站点在三峡水库运用后的多年年平均水位有一定幅度降低,其中距离湖口较近的七里山站水位变化幅度相对较大,距离湖口较远的小河咀、南咀站水位变化幅度相对较小,澧水尾闾石龟山站变化幅度相对较大。从年内各月变化来看,除南咀站 1 月平均水位增高,2—12 月平均水位均降低。

(3) 荆江三口分流分沙能力整体处于不断衰减状态,但总体趋于稳定。三峡水库建库后的 2003—2018 年,荆江三口的多年平均输沙量与 1981—2002 年相比减少了 90%;三口分沙比由 1956—1968 年基本稳定的 35%,到 1986—2003 年减少至 15% 左右,2003 年三峡水库建库后,荆江三口分沙比略有上升,2018 年三口分沙比为 20%。

(4) 四水年径流量湘潭、桃江站呈减小趋势,较东江水库运用前偏大;桃源、石门站呈增大趋势,较五强溪水库、江垭水库及皂市水库运用前分别偏大、偏小,且突变点比较分散。年内平均月径流量 1 月、5 月、12 月较水库运用前偏大。四水湘潭、桃江、石门站年输沙量呈显著减小趋势,除湘潭站突变点出现在东江水库建设节点,其他站点突变点比较分散。

第四章 | 基于粒子滤波数据同化的荆江 —洞庭湖数值模型

本章基于四点偏心隐格式的有限差分方法求圣维南方程组的一维河网程序,叙述了以微段、河段、汊点三级逐级建立方程的一维水沙数值模型的基本原理、运行逻辑及求解方法,完成了一维河网水沙模型的构建,为数据同化模型的进一步开发提供了保障;并以 2003 年全年作为验证期,对一维水沙数学模型计算结果和同化模块运行效果进行验证。

4.1 计算区域

本研究以荆江—洞庭湖河段作为计算区域,该区域空间地理特征如图 4-1所示。

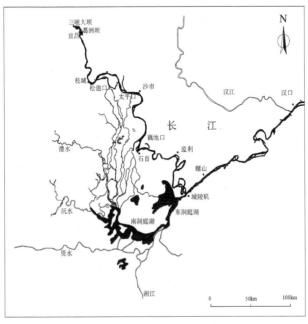

图 4-1 荆江—洞庭湖河段水系及测站分布图

4.1.1 河床泥沙计算边界

4.1.1.1 床沙级配调整

MORSELFE 模型部分参考了 ROMS 模型的方法。泥沙层位于流体层下部,泥沙分层数和总厚度由用户定义。每层泥沙需要初始化厚度、泥沙级配、孔隙度和年龄。每一计算时间步长内调整床沙层,考虑了淤积、冲刷和分层过程(stratigraphy)。

参与冲淤的活动层厚度:

$$z_a = k_1(\tau_{sf} - \tau_{ce}) + k_2 D_{50} \tag{4-1}$$

式中,τ_{sf} 为波流交互作用下的底部摩擦应力;τ_{ce} 为侵蚀的临界应力;D_{50} 为表层沉积物的中支粒径;k_1、k_2 为经验系数,分别取值 0.007、6.0;z_a 为活性层厚度。

床沙组成调整计算详见图 4-2。

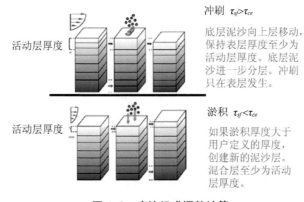

图 4-2　床沙组成调整计算

4.1.1.2 河床变形计算

河床变形计算有以下方法。

(1)悬移质不平衡输沙理论

$$\rho' \frac{\partial z_b}{\partial t} = \alpha \omega (S - S_*) \tag{4-2}$$

式中,z_b 表示河床面高度,α 为恢复饱和系数,ρ' 为泥沙干密度(kg/m³),S 为河床附近悬移质含沙量(kg/m³),S_* 为挟沙力(kg/m³),ω 为泥沙颗粒的静水沉速(m/s)。

$$\rho' = (1 - p)\rho_s \tag{4-3}$$

式中:p 为含水率,ρ_s 为泥沙密度(kg/m³)。

离散后为

$$\Delta h_{s,q} = \frac{\alpha \omega (S - S_*)}{(1-p)\rho_s} \Delta t \tag{4-4}$$

式中，Δt 表示离散计算的时间步长。

与冲淤通量计算法对比

$$\Delta h_{s,q} = \frac{(D_b - E_b)\Delta t}{(1-p)\rho_s} \tag{4-5}$$

式中：D_b 为移质泥沙沉降的数量，E_b 为悬移质泥沙冲起的数量。

则有

$$\alpha \omega (S - S_*) = (D_b - E_b) \tag{4-6}$$

（2）Exner 方程——Sand2D 程序中基于节点计算河床变形

$$\frac{\partial \eta}{\partial t} = \nu_s \frac{\partial^2 \eta}{\partial x^2} + \nu_s \frac{\partial^2 \eta}{\partial y^2} \tag{4-7}$$

式中，η 为河床高程，t 为时间，ν_s 为扩散系数。

扩散系数 ν_s 可采用式(4-8)计算

$$\nu_s = \frac{-8\overline{Q}A\sqrt{c_f}}{C_0(s-1)} \tag{4-8}$$

式中，$\overline{Q}$ 为河道多年平均流量，c_f 为拖曳力系数，s 为泥沙颗粒比重，C_0 为床面附近的含沙浓度，A 为经验系数，与河型有关。

（3）冲淤通量计算法(SEDIMENT 以及 Sand2D 的基于单元的冲淤变形计算)

该模块计算由悬移质泥沙和推移质泥沙引起的河床变形。

A. 悬移质泥沙引起的变形

a. 分组悬移质泥沙引起的河床变形（单元中心处），采用公式(4-5)计算。

b. 悬移质泥沙引起的变形从单元中心转换为节点处，公式为

$$\Delta h_{sn} = \frac{\sum\limits_{e=1}^{nel} A_e \Delta h_{se}}{\sum\limits_{e=1}^{nel} A_e} \tag{4-9}$$

式中，Δh_{se} 为单元的河床变形，nel 为包含节点的单元个数，Ae 为单元面积。

B. 推移质泥沙引起的变形

$$\Delta h_{b,q} = \frac{\nabla q_{b,q} \Delta t}{1-p} \tag{4-10}$$

式中，$q_{b,q}$ 为第 q 组推移质泥沙输移通量。

不平衡输沙理论与冲淤通量经验公式计算方法可以转换，而 Exner 方程求

解法是计算量较大的一种方法。

4.1.1.3 地貌尺度因子

为了模拟长时间的河床演变,ROMS 模型引入地貌尺度因子 λ(morphological scale factor)的概念,如果 λ=1 则没有影响,λ>1 则加快床面响应。此方法对于泥沙供给充足的情况是有效的,但当冲刷量受到限制时,模拟结果将产生过度的淤积量(对于三峡水库是个问题,因为淤泥固结,向下的泥沙层几乎难以冲刷,靠流变运动)。

对于推移质泥沙,则 λ 乘以推移质输沙率。

对于悬移质泥沙,则 λ 乘以淤积通量和冲刷通量。

4.1.2 河网典型断面

荆江—洞庭湖系统计算地形采用 2003 年地形,数据同化研究选取长江干流典型测站进行,所选测站河段的典型断面形态如图 4-3 所示。荆江—洞庭湖系统宜昌及沙市断面边滩较窄,河道断面具有典型的 U 形断面或 V 形断面特

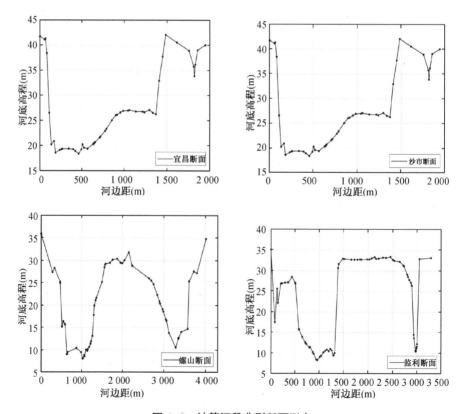

图 4-3 计算河段典型断面形态

征,河漫滩不发育,宽度较窄,糙率较大。监利及螺山站过水断面为典型的复式河槽断面,河道中央浅,两边深,糙率相对较小。

4.1.3 湖泊断面

4.1.3.1 水文站水位分析

受湖区上游来水量的控制,洞庭湖区水位年际和年内范围内出现较大波动,这里我们主要参考南咀和小河咀站点的水位记录(如图 4-4 所示)。2002—2016年间,两个站的水位均有下降趋势,下降速率为 1.8 cm/a(见图 4-4b);受上游降水及来水量影响,2002 年水位比常年平均超出近 0.6 m,2011 年则相应减少0.74 m,2007 年的降水量比 2006 年相对少,但测站水位显示 2007 年水位并未受到影响,反而 2006 年的年均水位显著减少,减少幅度与 2011 年相近。

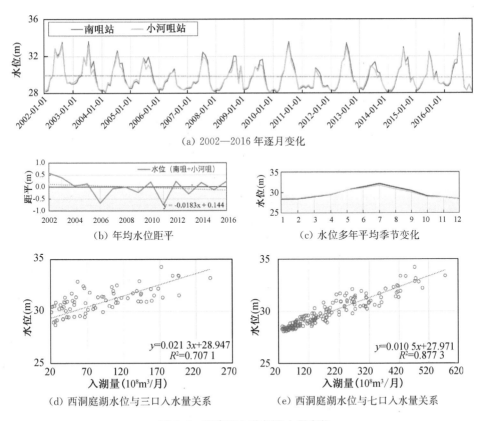

(a) 2002—2016 年逐月变化

(b) 年均水位距平

(c) 水位多年平均季节变化

(d) 西洞庭湖水位与三口入水量关系

(e) 西洞庭湖水位与七口入水量关系

图 4-4　洞庭湖上游年降水量变化

年内来看,两个站的水位均在 7 月达到最大,为 32 m 左右,冬季 12 月—来年 2月水位最低(约为 28 m);南咀汛期水位要比小河咀略微高一些,而冬季相反。

由于水位和入湖水量相关,我们进而分析了南咀和小河咀站水位与径流量的关系。如图4-4所示,南咀和小河咀的平均水位与三口入湖径流量有较强的相关性($R^2=0.71$),但由于三口入湖量仅在汛期占总入湖水量(三口十四水)的30%~40%(如图4-5所示),因此,洞庭湖北部地区水位主要还是由整体入流量决定。

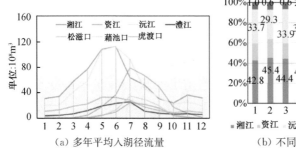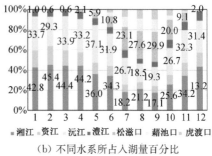

(a) 多年平均入湖径流量 (b) 不同水系所占入湖量百分比

图 4-5　洞庭湖上游来水量多年平均比较

4.1.3.2　湖区水域面积变化

基于 MODIS-13Q1 提供的 NDVI 指数,并结合 OTSU 算法提取识别水域的分割阈值,可获得 2002—2012 年洞庭湖区水域覆盖的动态变化(如图 4-6 和图 4-7 所示)。需要注意的是,受建筑土地利用类型的影响,该方法最终获得的结果与真实值存在一定误差。

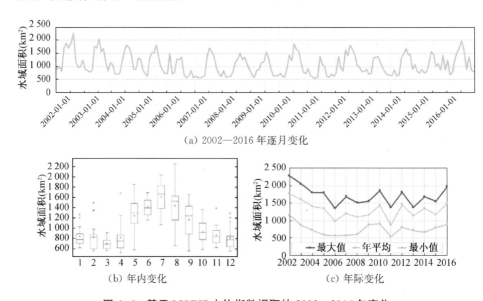

(a) 2002—2016 年逐月变化

(b) 年内变化 (c) 年际变化

图 4-6　基于 MODIS 水体指数提取的 2002—2016 年变化

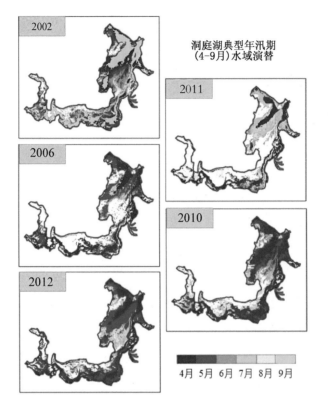

图 4-7 洞庭湖典型年份汛期水域分布演变

洞庭湖水域面积通常在汛期 4—9 月开始扩张,7—8 月达到最大(整体表现为湖相),之后迅速萎缩,12 月左右可能会再出现一次小峰值,来年的 2—3 月水域覆盖面积为最小,全湖表现为河相,仅在东洞庭的低洼地带才有水覆盖。我们将 10 月至来年 3 月定义为洞庭湖的旱季,将 4—9 月定义为汛期。

湖区水域覆盖面积年际和年内呈现剧烈波动。如图 4-6(b)所示,年内受上游季节性降水以及泄水量的影响,湖区旱季平均仅有 800 km² 左右的水域覆盖,在干旱的 2007 年和 2011 年,水域面积甚至萎缩至 500～600 km²;汛期时段,水域平均覆盖面积在 1 300～1 800 km² 之间变化。由图 4-6(c)可知,由于 2002 年出现极端洪水事件,洞庭湖区的水域面积激增至 2 271.4 km²,2003 年 6 月湖区水域面积也增至 2 000 km² 以上;而在干旱的 2011 年,湖区汛期的最大水域覆盖面积不到 1 400 km²。2006 年水域面积偏低的原因主要是荆江下游三口的输水量减少,使得湖区汛期的最大水域覆盖面积仅为 1 350 km²,三口入湖水量的陡然减少,其影响程度不亚于 50 年一遇的 2011 年干旱事件。

图 4-7 显示了典型干旱和湿润年份条件下,洞庭湖的空间水域覆盖面积

演变过程。显然,即使在极端洪水年份(如 2002 年),西洞庭湖的北部以及南洞庭湖的西部依然无水覆盖,这是因为其相对地势较高并受泥沙淤积的影响。汛期初和末期,即 4 月和 9 月,洞庭湖主要以河相为主,尤其在西洞庭湖和南洞庭湖,出现大面积裸露湖底。而在洪水影响下,入湖水量激增,使得东洞庭湖的水面由湖心向周边扩张,西洞庭湖和南洞庭湖的南部及东部逐渐被水区覆盖。

4.2 河网概化

流域水系在天然状态中通常呈现网状,称之为"河网"。依据河网的特征,可以将河网分为树状和环状两类。其中,树状河网多见于上游水系,干流和支流区分明确,干流类似树干,支流类似树枝,流域整体的结构类似树木树干到树枝的结构;环状河网多见于下游平原地区,河道流向错综复杂,通常并不固定,又受堤防约束,呈现环状结构。

河道的两个端点称为河网的节点。依据节点处的蓄水面积,可以将节点分为调蓄节点和无调蓄节点两类。其中,调蓄节点处的蓄水面积较大,水位变化对蓄水量的影响不可忽略;无调蓄节点处的蓄水面积较小,水位变化对蓄水量的影响可以忽略。按照节点的边界条件可将节点分为内节点和外节点,其中水力要素条件全部未知的是内节点,而外节点处则存在已知的边界条件。在环状河网计算过程中,可用"节点"简称内节点,代表两条河道的交汇点。

在相关计算中,为便于地形资料的处理,通常需要划分断面。总断面数一般由工作量确认划分,其位置的选择受河段特征如主槽和滩地、分汊河道、弯道等的影响,并应该具有水位测站,同时按一定顺序进行编号。

河道的流向是河网水流计算中较重要的概念。在流域上游水系,河道的流向明确为从上游流向下游;但在平原地区,河网错综复杂,河流的流向通常由当时的水流条件决定,而实际流向未知。河网计算时则通常假定河流的流向为从断面号小的向断面号大的方向流动,如果计算结果为正,则表示实际流向和假定流向相同,反之则代表实际流向和假定流向相反。

依据河道节点的特点,在计算河网水流时,可以将河道分为内河道与外河道两类,其中外河道有一端为外节点,有已知的边界条件,而内河道两端都为内节点,水力要素条件全部未知。

荆江—洞庭湖河网概化示意如图 4-8 所示。

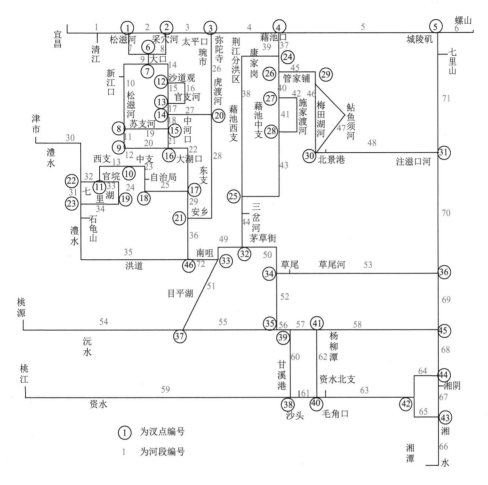

图 4-8　荆江—洞庭湖河网概化示意图

4.3　模型算法

4.3.1　河网水流运动计算原理

　　一维水动力模型由于具有执行容易、计算时间短和实时效率高等优点,被广泛地应用于洪水预报实践中。考虑到计算河段的河道较长、河漫滩不明显、河道弯曲度较小等特点,同时预报结果侧重于沿程断面的水位流量信息而不是洪水淹没范围,故本研究选取一维水动力模型作为计算荆江—洞庭湖洪水传播的模型。

　　一维水动力模型控制方程组采用表征一维非恒定渐变流的圣维南方程组经

典形式,由连续方程和动量方程构成,式(4-11)为水流连续方程,式(4-12)为水流动量方程。

$$\frac{\partial A}{\partial t} + \frac{\partial Q}{\partial x} = q_l \tag{4-11}$$

$$\frac{\partial Q}{\partial t} + \frac{\partial}{\partial x}\left(\frac{\alpha Q^2}{A}\right) + gA\frac{\partial Z}{\partial x} + g\frac{Q|Q|n^2}{AR^{4/3}} = 0 \tag{4-12}$$

式中,A 表示过水断面面积(m²);Q 表示流量(m³/s);x 表示流程(m);t 表示时间(s);q_l 表示旁侧流量(m³/s);a 表示恢复饱和系数;g 表示重力加速度(m/s²);Z 表示水位(m);$R=\dfrac{A}{\chi}$ 表示水力半径(m),其中 χ 为湿周;n 表示曼宁糙率系数。

在上述水动力模型中,模型状态变量为水位 Z 和流量 Q,模型参数为曼宁糙率系数 n。

(1) 计算方法

圣维南方程组属于双曲型偏微分方程组,很难通过解析的方法求得解析解。本研究采用四点偏心隐格式的有限差分方法对圣维南方程组进行数值近似求解。四点偏心隐格式又称为普雷斯曼(Preissmann)格式,该格式具有无条件稳定和计算效率高的优点,缺点在于当河道地形过于复杂时会出现发散的情况。

在求解圣维南方程组时,需要给定上下游及侧向边界条件和初始条件。上游及侧向边界条件一般选取上边界断面和支流入汇处的流量过程,下游边界条件一般选取下边界断面的水位过程,初始条件为起始计算时刻沿程各计算断面的流量和水位。

(2) 糙率系数

糙率系数是反映水流综合阻力特性的一个参数。糙率系数的值不仅取决于河道物理特性,如河床地质条件和断面几何形态等,还会受到水流状态的影响,如植被淹没情况和水流紊动强度等。断面综合糙率系数是在所有水流阻力因素共同影响下的复合值,通常情况下需要通过实测水文观测数据进行率定。考虑到河道特性在沿程空间上的变化和洪水过程中水流状态在时间上的变化,在洪水预报水动力模型中,需要考虑糙率系数的时空变化特征。

(3) 一维河网解法的选取

一维程序具有计算速度快、内存占用少等优点,其在计算流量和水位方面已经具备较高的精度,在复杂河网计算中得到了广泛应用。与二维河网相比,一维程序有着更好的收敛性,且可以更好地与数据同化模块耦合,故本书河网数学模型的求解采用一维河网三级联解算法(将河网计算分为微段、河段、汊点三级计算)。

一维河网三级联解算法较直接解法所需求解的代数方程组的阶数低得多,

且更为准确快捷。其思想是将问题归结于关于节点水位（或水位增量）的方程组，然后再求解节点间断面的水位、流量。

4.3.1.1 微段水动力计算原理

一维河道水流运动可采用圣维南方程组描述：对式（4-11）与（4-12）采用线性化 Preissmann 的四点隐式差分格式进行离散。差分结果可写成：

$$A_{i1}\Delta Z_{i+1} + B_{i1}\Delta Q_{i+1} = C_{i1}\Delta Z_i + D_{i1}\Delta Q_i + E_{i1} \tag{4-13}$$

$$A_{i2}\Delta Z_{i+1} + B_{i2}\Delta Q_{i+1} = C_{i2}\Delta Z_i + D_{i2}\Delta Q_i + E_{i2} \tag{4-14}$$

在上述水流连续方程式中：

$A_{i1} = \varphi B_{i+1}$ ；

$B_{i1} = D_{i1} = \theta \dfrac{\Delta t}{\Delta x_i}$ ；

$C_{i1} = -1 \times (1-\varphi)B_i$ ；

$E_{i1} = -\Delta t (Q_{i+1} - Q_i)/\Delta x_i$ ；

$x_1 = (1-\varphi) \times Q_i/A_i$ ；

$x_2 = \varphi \times Q_{i+1}/A_{i+1}$ ；

$$A_{i2} = 2\alpha\theta\left[\varphi\frac{Q_{i+1}}{A_{i+1}}B_{i+1}(Q_{i+1}-Q_i)\right]\frac{\Delta t}{\Delta x_i} +$$

$$\alpha\theta B_i(x_1+x_2)\left[(x_1+x_2)+2\varphi Q_i\frac{A_{i+1}-A_i}{A_i^2}\right]\frac{\Delta t}{\Delta x_i} -$$

$$\left[\varphi A_{i+1}+(1-\varphi)A_i+\varphi(Z_{i+1}-Z_i)B_{i+1}\right]\frac{g\theta\Delta t}{\Delta x_i} +$$

$$\left[\frac{7gn_{i+1}^2\theta(1-\varphi)|Q_{i+1}|Q_{i+1}}{3B_{i+1}H_{i+1}^{\frac{10}{3}}}+\frac{gn_{i+1}^2\theta(1-\varphi)|Q_{i+1}|Q_{i+1}}{B_{i+1}^2 H_{i+1}^{\frac{7}{3}}}\frac{\mathrm{d}B_{i+1}}{\mathrm{d}Z_{i+1}}\right]\Delta t$$ ；

$$B_{i2} = -\varphi - 2\alpha\theta\left[\varphi\frac{Q_{i+1}}{A_{i+1}}+(1-\varphi)\frac{Q_i}{A_i}+\varphi\frac{Q_{i+1}-Q_i}{A_{i+1}}\right]\frac{\Delta t}{\Delta x_i} +$$

$$2\alpha\theta\varphi(x_1+x_2)(A_{i+1}-A_i)\frac{\Delta t}{\Delta x_i A_{i+1}^2} - \frac{2gn_{i+1}^2\theta(1-\varphi)|Q_{i+1}|\Delta t}{B_{i+1}H_{i+1}^{\frac{7}{3}}}$$ ；

$$C_{i2} = -2\alpha\theta(1-\varphi)Q_i B_i(Q_{i+1}-Q_i)/(\Delta x_i A_i^2)\Delta t +$$

$$\alpha\left[\theta B_i(x_1+x_2)^2/\Delta x_i + 2\theta Q_i B_i(1-\varphi)(x_1+x_2)(A_{i+1}-A_i)\frac{1}{\Delta x_i A_i^2}\right]\Delta t -$$

$$\frac{g\theta\Delta t}{\Delta x_i}\left[\varphi A_{i+1}+(1-\varphi)A_i-(1-\varphi)(Z_{i+1}-Z_i)B_i\right] -$$

$$\left[\frac{7gn_i^2\theta(1-\varphi)\,|Q_i|\,Q_i}{3B_iH_i^{\frac{10}{3}}}+\frac{gn_i^2\theta(1-\varphi)\,|Q_i|\,Q_i}{B_i^2H_i^{\frac{7}{3}}}\frac{\mathrm{d}B_i}{\mathrm{d}Z_i}\right]\Delta t\,;$$

$$D_{i2}=(1-\varphi)+2\alpha\theta\frac{\Delta t}{\Delta x_i}\left[-\varphi\frac{Q_{i+1}}{A_{i+1}}-(1-\varphi)\frac{Q_{i+1}-Q_i}{A_i}\right]-$$

$$2\alpha\theta(1-\varphi)(x_1+x_2)(A_{i+1}-A_i)\frac{\Delta t}{\Delta x_iA_i^2}+\frac{2gn_i^2\theta(1-\varphi)\,|Q_i|\,\Delta t}{B_iH_i^{\frac{7}{3}}}\,;$$

$$E_{i2}=-2\alpha\Delta t\left[\varphi\frac{Q_{i+1}}{A_{i+1}}+(1-\varphi)\frac{Q_i}{A_i}\right](Q_{i+1}-Q_i)/\Delta x_i+$$

$$\alpha\Delta t(x_1+x_2)^2(A_{i+1}-A_i)/\Delta x_i-$$

$$\frac{g\Delta t}{\Delta x_i}\left[\varphi A_i+(1-\varphi)A_i\right](Z_{i+1}-Z_i)-$$

$$\frac{gn_{i+1}^2\varphi\,|Q_{i+1}|\,Q_{i+1}\Delta t}{B_{i+1}H_{i+1}^{\frac{7}{3}}}-\frac{gn_i^2(1-\varphi)\,|Q_i|\,Q_i\Delta t}{B_iH_i^{\frac{7}{3}}}\,。$$

4.3.1.2 河段水动力计算原理

将一个河道的所有微段关系进行整理,可以列出如下的方程组

$$A_{11}\Delta Q_1+B_{11}\Delta Z_1+C_{11}\Delta Q_2+D_{11}\Delta Z_2=E_{11} \tag{4-15}$$

$$A_{12}\Delta Q_1+B_{12}\Delta Z_1+C_{12}\Delta Q_2+D_{12}\Delta Z_2=E_{12} \tag{4-16}$$

$$A_{21}\Delta Q_2+B_{21}\Delta Z_2+C_{21}\Delta Q_3+D_{21}\Delta Z_3=E_{21} \tag{4-17}$$

$$A_{22}\Delta Q_2+B_{22}\Delta Z_2+C_{22}\Delta Q_3+D_{22}\Delta Z_3=E_{22} \tag{4-18}$$

$$\vdots$$

$$A_{n1}\Delta Q_n+B_{n1}\Delta Z_n+C_{n1}\Delta Q_{n+1}+D_{n1}\Delta Z_{n+1}=E_{n1} \tag{4-19}$$

$$A_{n2}\Delta Q_n+B_{n2}\Delta Z_n+C_{n2}\Delta Q_{n+1}+D_{n2}\Delta Z_{n+1}=E_{n2} \tag{4-20}$$

由式(4-16)×C_{11}—式(4-15)×C_{12}消去 ΔQ_2,可得

$$\Delta Z_2=P_{11}-P_{12}\Delta Z_1-P_{13}\Delta Q_1 \tag{4-21}$$

式中, $P_{11}=(C_{11}\times E_{12}-E_{11}\times C_{12})/REP$;

$$P_{12}=(C_{11}\times B_{12}-B_{11}\times C_{12})/REP\,;$$

$$P_{13}=(C_{11}\times A_{12}-A_{11}\times C_{12})/REP\,;$$

$$REP=C_{11}\times D_{12}-D_{11}\times C_{12}\,。$$

由式(4-15)×D_{12}—式(4-16)×D_{11}消去 ΔZ_2,可得

$$\Delta Q_2 = P_{14} - P_{15}\Delta Z_1 - P_{16}\Delta Q_1 \tag{4-22}$$

式中，
$$P_{14} = (E_{11} \times D_{12} - D_{11} \times E_{12})/REP \; ;$$

$$P_{15} = (B_{11} \times D_{12} - D_{11} \times B_{12})/REP \; ;$$

$$P_{16} = (A_{11} \times D_{12} - D_{11} \times A_{12})/REP \; 。$$

同理，由式(4-17)、式(4-18)可得

$$\Delta Z_3 = Y_1 - Y_2\Delta Q_2 - Y_3\Delta Z_2 \tag{4-23}$$

$$\Delta Q_3 = Y_4 - Y_5\Delta Q_2 - Y_6\Delta Z_2 \tag{4-24}$$

将式(4-21)、式(4-22)代入式(4-23)、式(4-24)，可得

$$\Delta Z_3 = P_{21} - P_{22}\Delta Z_1 - P_{23}\Delta Q_1$$

$$\Delta Q_3 = P_{24} - P_{25}\Delta Z_1 - P_{26}\Delta Q_1$$

依此类推，即可得

$$\Delta Z_{n+1} = P_{n1} - P_{n2}\Delta Z_1 - P_{n3}\Delta Q_1$$

$$\Delta Q_{n+1} = P_{n4} - P_{n5}\Delta Z_1 - P_{n6}\Delta Q_1$$

将 ΔQ 表达为 ΔZ 的函数

$$\Delta Q_1 = R_1\Delta Z_1 + R_2 + R_3\Delta Z_{n+1} \tag{4-25}$$

$$\Delta Q_{n+1} = R_4\Delta Z_1 + R_5 + R_6\Delta Z_{n+1} \tag{4-26}$$

式中，

$$R_1 = -\frac{P_{n2}}{P_{n3}} ; R_2 = \frac{P_{n1}}{P_{n3}} ; R_3 = -\frac{1}{P_{n3}} ;$$

$$R_4 = \left(\frac{P_{n6} \cdot P_{n2}}{P_{n3}} - P_{n5}\right) ; R_5 = \left(P_{n4} - \frac{P_{n6} \cdot P_{n1}}{P_{n3}}\right) ; R_6 = \frac{P_{n3}}{P_{n6}} ;$$

$$P_{n1} = PP_1 - PP_2 \cdot P_{n-1,1} - PP_3 \cdot P_{n-1,4} ;$$

$$P_{n2} = -(PP_2 \cdot P_{n-1,2} + PP_3 \cdot P_{n-1,5}) ;$$

$$P_{n3} = -(PP_2 \cdot P_{n-1,3} + PP_3 \cdot P_{n-1,6}) ;$$

$$P_{n4} = PP_4 - PP_5 \cdot P_{n-1,1} - PP_6 \cdot P_{n-1,4} ;$$

$$P_{n5} = -(PP_5 \cdot P_{n-1,2} + PP_6 \cdot P_{n-1,5}) ;$$

$$P_{n6} = -(PP_5 \cdot P_{n-1,3} + PP_6 \cdot P_{n-1,6}) ;$$

$$PP_1 = (C_{n1} \times E_{n2} - E_{n1} \times C_{n2})/REP \, ; PP_2 = (C_{n1} \times B_{n2} - B_{n1} \times C_{n2})/REP \, ;$$

$$PP_3 = (C_{n1} \times A_{n2} - A_{n1} \times C_{n2})/REP \, ; PP_4 = (E_{n1} \times D_{n2} - D_{n1} \times E_{n2})/REP \, ;$$

$$PP_5 = (B_{n1} \times D_{n2} - D_{n1} \times B_{n2})/REP \, ; PP_6 = (A_{n1} \times D_{n2} - D_{n1} \times A_{n2})/REP \, ;$$

$$REP = C_{n1} \times D_{n2} - D_{n1} \times C_{n2} \, \text{。}$$

4.3.1.3 汊点水动力计算原理

（1）流量衔接条件

进出每一汊点的流量必须与该汊点内实际水量的增减率相平衡，即

$$\sum Q_i = \frac{\partial \Omega_m}{\partial t} (m = 1, 2, \cdots, M) \tag{4-27}$$

式中，i 表示汊点（节点）各个汊道断面的编号，Q_i 表示通过 i 断面进入汊点的流量，且流入该汊点（节点）为正，流出该汊点（节点）为负；Ω_m 为汊点 m 的蓄水量，M 为河网中的汊点总数。

（2）动力衔接条件

汊点的各汊道断面上，水位和流量与汊点平均水位之间必须符合实际的动力衔接要求。目前用于处理这一条件的常用方法如下。

如果汊点可以概化为一个几何点，出入各个汊道的水流平缓，不存在水位突变的情况，则各汊道断面的水位应相等，等于该点的平均水位，即

$$Z_{m,1} = Z_{m,2} = \cdots = Z_{m,L(m)} = Z_m, m = 1, 2, \cdots, M \tag{4-28}$$

① 进行河段、节点编号及河网形状数据的处理。

在一个河网中，河道汇流点（节点）称为汊点，相邻两汊点之间的单一河道称为河段，河段内两个计算断面之间的局部河段称为微段。

对一个河网，设其有 K_1 个汊点，K_2 个河段，K_3 个外边界断面，K_4 个计算断面，K_5 个内边界断面，在时刻 t 要求出 K_4 个断面的 $2 \times K_4$ 个未知数，河网有微段 $K_4 - K_2$ 个，可构成 $2 \times (K_4 - K_2)$ 个微段方程。

可以在生成河网的时候将河网处理为三叉结构，那么对于 K_2 个河段，汊点的数目 $K_1 = \frac{K_2 \times 2 - K_3}{3}$，由流量衔接关系可以为每一个汊点提供一个边界方程，由动力衔接条件可以为每一个汊点提供两个边界方程，加上 K_3 个外边界断面提供的边界条件，所以共有边界方程 $3 \times K_1 + K_3 = 2 \times K_2$ 个。

由 $2 \times (K_4 - K_2)$ 个微段方程和 $2 \times K_2$ 个边界方程构成的 $2 \times K_4$ 个方程组，可以求解出 K_4 个断面的 $2 \times K_4$ 个未知数。

② 求出河段首末断面的水位流量之间的关系。

微段方程表示微段上下游断面之间水位和流量相互关系的代数方程组。在一个河段中,假设有 $n+1$ 个断面,可以列出首末断面的水位流量关系,如式(4-29)和式(4-30)所示。

$$\Delta Q_1 = R_1 \Delta Z_1 + R_2 + R_3 \Delta Z_{n+1} \tag{4-29}$$

$$\Delta Q_{n+1} = R_4 \Delta Z_1 + R_5 + R_6 \Delta Z_{n+1} \tag{4-30}$$

式中,ΔQ_1、ΔZ_1 表示河段首断面的流量和水位增量,ΔQ_{n+1}、ΔZ_{n+1} 表示河段末断面的流量和水位增量。这样就把整个河网的未知量集中到汊点处的水位增量上。在一个河网中,式(4-29)、式(4-30)组成 $2 \times K_2$ 个方程组,加上 $2 \times K_2$ 个边界方程,可以求解每个河段首末断面水位和流量 $4 \times K_2$ 个未知数。

③ 形成求解矩阵并求解。

将上述流量关系式代入相应的汊点方程和边界方程,消去流量,可得与汊点个数相同的由汊点水位组成的方程,即 $A\{\Delta Z\} = B$,式中 A 为系数矩阵,ΔZ 为汊点水位,根据该式可求出各汊点水位增量,并代入水位流量关系式可求出各河段上游断面流量,最后按照单一河道求解方法求出所有断面水位和流量。

因此求解步骤可归纳为:将每河段的圣维南方程组隐式差分得河段方程;将每一河段的河段方程依次消元求出首末断面的水位流量关系式;将上步求出的关系式代入汊点连接方程和边界方程,得到以各汊点水位增量(下游已知水位的边界汊点除外)为未知量的求解矩阵;求解此矩阵得各汊点的水位,并代入水位流量关系式,可求出各河段上游 0 断面流量;回代河段方程,得所有断面的水位流量。

4.3.2 河网泥沙运动计算原理

悬移质含沙量求解一般是由悬移质方程求得。在推求一个计算河段时,根据水流方向,由上游进口断面向下游出口断面递推计算。在河网计算中,因为河道交错复杂,水流流动方向复杂不定等现象令泥沙冲淤计算十分困难。针对上述问题,本书在河网汊点分沙模式基础上,根据汊点输沙平衡方程,计算出汊点连接河段的分沙比,推求各河段的进口断面含沙量。

4.3.2.1 非耦合解非恒定饱和输沙模型

(1)基本控制方程及其离散

描述水沙输移运动的控制方程包括:圣维南方程组、泥沙连续性方程、河床变形方程和其他辅助方程。

泥沙连续性方程

$$\frac{\partial(Q \cdot S)}{\partial x} + \frac{\partial(\alpha_2 \cdot A \cdot S)}{\partial t} + q_{ls} = -\alpha B\omega(S - S_*) \tag{4-31}$$

式中，Q 为流量（m³/s），S 为断面平均含沙量（kg/m），x 为流量（m），t 为时间（s），d_2 为含沙量分布修正系数，$\alpha_2 = \dfrac{\int_A s\,dAA}{\int_A su\,dA/Q}$（$s$ 和 u 分别为含沙量和点流速），A 为过水断面面积（m²），q_{ls} 为单位流程上的侧向输沙率 [kg/(s·m)]，B 为河宽（m），α 为恢复饱和系数，S_* 为水流挟沙力，ω 为泥沙颗粒的静水沉速（m/s）。

河床变形方程

$$\gamma' \frac{\partial A_d}{\partial t} = \alpha\omega B(S - S_*) \tag{4-32}$$

式中，A_d 为断面上河床冲淤面积（m²），γ' 为床沙干容重（kg/m³）。

挟沙力公式

$$S = k\left(\frac{u^3}{gh\omega}\right)^m \tag{4-33}$$

式中，k 为包含量纲的系数，u 为平均流速（m/s），g 为重力加速度（m/s²），h 为平均水深（m），m 为。

沉速公式（张瑞瑾公式）

$$\omega = \sqrt{\left(13.95\frac{\nu}{d}\right)^2 + 1.09\frac{\gamma'-\gamma}{\gamma}gd} - 13.95\frac{\nu}{d} \tag{4-34}$$

式中：γ' 为床沙干容重（kg/m³），γ 为水的比重，d 为粒径（mm），ν 为水流黏滞系数。

一维河道泥沙连续性方程的离散采用隐式逆风差分格式，当河道流速大于 0 时，采用隐式后差，当河道流速小于 0 时，采用隐式前差。该格式简单，计算稳定性好，能较好地模拟往复流态下水沙运动特性。

泥沙连续性方程式（4-31）各项离散格式分别为：

$$\frac{\partial(A \cdot S)}{\partial t} = \frac{A_i^{n+1}S_i^{n+1} - A_i^n S_i^n}{\Delta t} \tag{4-35}$$

当 $Q_i^n \geqslant 0$ 时，$\qquad \dfrac{\partial(Q \cdot S)}{\partial x} = \dfrac{Q_i^{n+1}S_i^{n+1} - Q_{i-1}^{n+1}S_{i-1}^{n+1}}{\Delta x_{i-1}} \tag{4-36}$

当 $Q_i^n < 0$ 时，$\qquad \dfrac{\partial(Q \cdot S)}{\partial x} = \dfrac{Q_{i+1}^{n+1}S_{i+1}^{n+1} - Q_i^{n+1}S_i^{n+1}}{\Delta x_i} \tag{4-37}$

$$\alpha B\omega(S - S_*) = [\alpha B\bar{\omega}(S - S_*)]_i^{n+1} \tag{4-38}$$

河床变形方程(4-32)离散为：

$$\Delta A_d = \alpha B \bar{\omega}(S - S_*)\Delta t/\gamma'$$ (4-39)

（2）单一河道含沙量求解

洞庭湖区河网交错，流态复杂，往复流时有发生。单一河道水流类型可分为四类（图 4-9）：(a) 全顺流，$Q_1 \geqslant 0$，$Q_n \geqslant 0$；(b) 全逆流 $Q_1 \leqslant 0$，$Q_n \leqslant 0$；(c) 面向流，$Q_1 \geqslant 0$，$Q_n \leqslant 0$；(d) 分离流，$Q_1 \leqslant 0$，$Q_n \geqslant 0$。

将泥沙连续性方程的差分方程变为如下形式

$$\begin{cases} S_i = a_i S_{i-1} + b_i, Q_i \geqslant 0 \\ S_i = c_i S_{i+1} + d_i, Q_i < 0 \end{cases}$$ (4-40)

式中各参数如下：

$$a_i = \frac{\Delta t}{\Delta x_{i-1}} Q_{i-1} \Big/ \left(A_i + \Delta t \alpha B_i \omega_i + \frac{\Delta t}{\Delta x_{i-1}} Q_i\right)$$

$$b_i = \left(\frac{\Delta t}{\Delta x_{i-1}} \alpha_i B_i \omega_i S_{*i} + A_i S_0\right) \Big/ \left(A_i + \Delta t \alpha B_i \omega_i + \frac{\Delta t}{\Delta x_{i-1}} Q_i\right)$$

$$c_i = \frac{\Delta t}{\Delta x_i} Q_{i+1} \Big/ \left(A_i + \Delta t \alpha B_i \omega_i + \frac{\Delta t}{\Delta x_i} Q_{i+1}\right)$$

$$d_i = \left(\frac{\Delta t}{\Delta x_{i-1}} \alpha_i B_i \omega_i S_{*i} + A_i S_0\right) \Big/ \left(A_i + \Delta t \alpha B_i \omega_i + \frac{\Delta t}{\Delta x_i} Q_{i+1}\right)$$

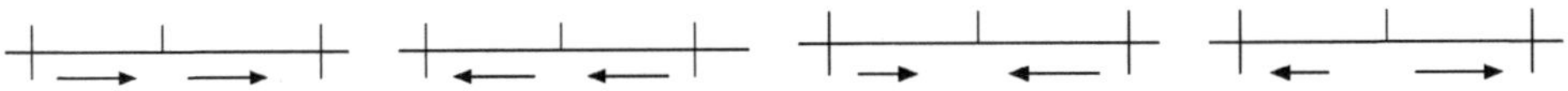

（a）全顺流　　（b）全逆流　　（c）面向流　　（d）分离流

图 4-9　河段的泥沙输移模式

全顺流属于单向流，含沙量上边界（S_1^{n+1}）已知，则此河段的每一断面的含沙量可由下式得到

$$S_i^{n+1} = P_i + R_i S_1^{n+1} \quad (i = 1, 2, \cdots m+1)$$ (4-41)

式（4-41）中，P_i、R_i 可由下面的递推式得到

$$P_1 = 0, R_1 = 1, P_i = b_i + a_i P_{i-1}, R_i = a_i R_{i-1} \quad (i = 2, 3, \cdots, m+1)$$

全逆流也属于单向流，与全顺流类似，这时，含沙量下边界 S_{m+1}^{n+1} 已知，则此河段的每一断面的含沙量可由下式得到

$$S_i^{n+1} = P_i + R_i S_{m+1}^{n+1} \quad (i = 1, 2, \cdots m+1)$$ (4-42)

式(4-42)中，P_i，R_i 可由下面的递推式得到

$$P_{n+1} = 0, R_{n+1} = 1, P_i = d_i + c_i P_{i+1}, R_i = c_i R_{i+1} \quad (i = 1, 2, \cdots, m)$$

面向流其实是一种双向流，在面向流情况下，可把此单一河道分成"两条"河段，则在上下游边界含沙量（S_1^{n+1}，S_m^{n+1}）已知的情况下，可分别按照式(4-41)和式(4-42)计算这"两条"河段的含沙量。

分离流也是一种双向流。首先必须确定停滞点（$Q_k = 0$）的位置，停滞点的含沙量（S_k^{n+1}）可由悬沙输运方程求得。单一河流可被划分为两个单向流河段，边界点即为停滞点，最终每个断面的含沙量可由(4-41)式和(4-42)式求得。停滞点的位置可由下面的式子计算

$$\Delta x_{ak} = \frac{|Q_a|}{|Q_a| + Q_b} \Delta x_{ab} \tag{4-43}$$

停滞点的含沙量可由下式计算

$$S_k^{n+1} = \frac{A_k^n}{A_k^{n+1}} S_k^n \exp\left(-\frac{a_k^{n+1} B_k^{n+1} \omega_k^{n+1}}{A_k^{n+1}} \Delta t\right) \tag{4-44}$$

（3）汊点输沙平衡方程

汊点输沙平衡是指进出每一汊点的输沙量必须与该汊点的泥沙冲淤变化情况一致，即

$$\sum_{i=1}^{L(n)} Q_{i,k} S_{i,k} = \sum_{j=1}^{M(n)} Q_{j,k} S_{j,k} + \gamma' A_n \frac{\partial Z_{bn,k}}{\partial t} \quad (n = 1, 2, \cdots, N) \tag{4-45}$$

式中：N 为河网中汊点总数，$L(n)$ 为与汊点 n 相连接的入流河段总数，$M(n)$ 为与汊点 n 相连接的出流河段总数，$S_{i,k}$ 为与流量相对应的第 k 组泥沙粒径含沙量，$Z_{bn,k}$ 为第 k 粒径组的悬移质引起的汊点河床冲淤厚度（m），γ' 为泥沙干密度（kg/m³），A_n 为汊点 n 的平面面积（m²）。

在计算中可根据实际情况，将汊点视为蓄水汊点和概化点。若汊点为蓄水汊点（蓄滞洪区或边界点），则 A_n 不为 0 值；若汊点为河网中的概化点，则 A_n 可作 0 值处理，此时式(4-45)可改写为

$$\sum_{i=1}^{L(n)} Q_{i,k} S_{i,k} = \sum_{j=1}^{M(n)} Q_{j,k} S_{j,k} \quad (n = 1, 2, \cdots, N) \tag{4-46}$$

本章建立的模型中，汊点均是指河网中连接河道的概化汊点。

（4）汊点分沙模式

若汊点分沙模式欠合理，将难以保证进入主、支汊泥沙总量，具体数值过程为：若某一支流分沙模拟偏大，泥沙落淤，河床抬高，河床抬高又使得该支流过流

能力减小,河道持续淤积,而与该汊点连接的另一支流分沙模拟偏小,河床冲刷、分流增大,进而导致模拟失真。因此,汊点分沙模式对于河网区水沙计算精度的影响较大。

汊点分沙主要受三方面因素影响:分汊口附近的水流条件、分汊口的边界条件及泥沙因子。目前,汊点分沙模式已有一些半理论半经验的处理方法,丁君松等人根据长江白沙洲、梅子洲、八卦洲等主支汊纵剖面,将主支汊鞍点的水深作为引水深,根据分汊口各级配悬沙浓度沿垂线的分配规律计算汊道分沙比。韩其为引入由汊道分流比决定的当量水深作为引水深,同时提出了在分汊前干流断面上引水面的形态,根据流速和含沙量沿垂线分布规律,求出悬沙分沙比与分流比的关系及含沙量级配,避免丁君松模式须给出主支汊鞍点处的高程的情况。此后丁君松、秦文凯等又对上述模型进行了改进。这些分沙模式都是建立在简单分汊河道基础上的,要求具有较详细的汊点局部的水文和地形资料,因而其应用受到限制。

由于影响分沙比的因素十分复杂,完全考虑这些影响因素建立一个统一模式是不可能的。造成分流口门含沙量不同的主要原因是水流条件不同,而反映一定条件下水流挟沙能力的指标为 S_*,影响分沙比的各种因素的综合作用很大程度上就体现在 S_* 的大小上。因此,本书在前人研究的基础上,采用了一种考虑非均匀沙分组粒径挟沙能力的分沙模式,此模式形式简单、物理意义清晰。

对于任意粒径组,根据各分流河段进口断面挟沙力 S_* 确定汊点分沙比,认为存在下式关系:

$$S_{1j} : S_{2j} : \cdots : S_{lj} = S_{*1j} : S_{*2j} : \cdots : S_{*lj} \tag{4-47}$$

根据式(4-47),在每个汊点处均存在一个比例常数 K,使得

$$S_{ij} = K \times S_{*j} \tag{4-48}$$

结合汊点输沙守恒方程,可得各分流河道首断面含沙量。

(5)悬沙与床沙交换模式

悬沙与床沙交换量的计算模式,采用目前应用较为广泛的床面分层计算模式。把河床淤积物概化为表、中、底三层,各层的厚度和平均粒配分别记为 h_u、h_m、h_b 和 P_{uk}、P_{mk}、P_{bk}。表层为泥沙的交换层,中间层为过渡层,底层为泥沙冲刷极限层。

规定在每一计算时段内,各层间的界面都固定不变,泥沙交换限制在表层内进行,中层和底层暂时不受影响。在时段末,根据床面的冲刷或淤积往下或往上移动表层和中层,保持这两层的厚度不变,而令底层厚度随冲淤厚度的大小而变化,具体的计算过程为:设在某一时段的初始时刻,表层粒配为 P_{uk}^0,该时段内的冲淤厚度和第 k 组泥沙的冲淤厚度分量分别为 ΔZ_b 和 ΔZ_{bk},则时段末表层底面

以上部分的粒配变为：

$$P'_{uk} = \frac{h'_u P^0_{uk} + \Delta Z_{bk}}{h_u + \Delta Z_b}$$ (4-49)

然后在冲淤厚度的基础上重新定义各层的位置和组成，由于表层和中层的厚度保持不变，所以它们的位置随床面的变化而移动。各层的粒配组成根据淤积或冲刷两种情况按如下方法计算。

① 对于淤积情况

A. 表层

$$P_{uk} = P'_{uk}$$ (4-50)

B. 中层

如果 $\Delta Z_b > h_m$，则新的中层位于原表层底面之上，显然有

$$P_{mk} = P'_{uk}$$ (4-51)

否则有

$$P_{mk} = \frac{\Delta Z_b P'_{uk} + (h_m - \Delta Z_b) P^0_{mk}}{h_m}$$ (4-52)

C. 底层

新底层厚度为

$$h_b = h^0_b + \Delta Z_b$$ (4-53)

如果 $\Delta Z_b > h_m$，则

$$P_{bk} = \frac{(\Delta Z_b - h_m) P'_{uk} + h_m P^0_{mk} + h^0_b P^0_{bk}}{h_b}$$ (4-54)

否则

$$P_{bk} = \frac{\Delta Z_b P^0_{mk} + h^0_b P^0_{bk}}{h_b}$$ (4-55)

② 对于冲刷情况

A. 表层

$$P_{uk} = \frac{(h_u + \Delta Z_b) P'_{uk} - \Delta Z_b P^0_{mk}}{h_u}$$ (4-56)

B. 中层

$$P_{mk} = \frac{(h_m + \Delta Z_b) P^0_{mk} - \Delta Z_b P^0_{bk}}{h_m}$$ (4-57)

C. 底层

$$h_b = h_b^0 + \Delta Z_b \qquad (4-58)$$

$$P_{bk} = P_{bk}^0 \qquad (4-59)$$

以上各式中，变量上标"0"表示该变量修改前的值。

4.3.2.2 非耦合解恒定饱和输沙模型

（1）泥沙连续性方程

在以往研究中求解式（4-31）时，一般不考虑时变项 $\dfrac{\partial(\alpha_2 \cdot A \cdot S)}{\partial t}$ 的影响，而将它简化为恒定输沙，应用十分普遍的含沙量计算公式为

$$S = S_* + (S_0 - S_{0*})\mathrm{e}^{-\frac{\alpha\omega L}{Q_b}} + (S_0 - S_{0*})\frac{Q_b}{\alpha\omega L}(1 - \mathrm{e}^{-\frac{\alpha\omega L}{Q_b}}) \qquad (4-60)$$

式中，$Q_b = \dfrac{Q}{B}$，为单宽流量；L 为河段长度；下标 0 为上个河段变量。

如果不忽略时变项，则推导非恒定输沙公式可得到（程序计算没有考虑时变项的影响）

$$\frac{\partial S}{\partial t} + \frac{Q}{A}\frac{\partial S}{\partial x} + \frac{q - \alpha\omega B}{A}S + \frac{\alpha\omega BS_*}{A} = 0 \qquad (4-61)$$

令 $\dfrac{q - \alpha\omega B}{A}S + \dfrac{\alpha\omega BS_*}{A} = \mathrm{e}^{\Theta - \frac{q - \alpha\omega B}{A}t}$，则（4-61）可以化成关于入口含沙量 Θ 的输运方程形式

$$\frac{\partial\Theta}{\partial t} + \frac{Q}{A}\frac{\partial\Theta}{\partial x} = 0 \qquad (4-62)$$

用特征线法解方程（4-62），有 $\Theta = f\left(x - \dfrac{Q}{A}t\right)$，其中 $f(x)$ 是任意函数，则

$$S = \frac{A}{q - \alpha\omega B}\mathrm{e}^{f\left(x - \frac{Q}{A}t\right) - \frac{q - \alpha\omega B}{A}t} - \frac{\alpha\omega B}{q - \alpha\omega B}S_* \qquad (4-63)$$

由 $t = 0$ 时刻的初始条件代入（4-63）得

$$[S]_x^0 = \frac{A}{q - \alpha\omega B}\mathrm{e}^{f(x)} - \left[\frac{\alpha\omega B}{q - \alpha\omega B}S_*\right]_x^0 \qquad (4-64)$$

解出 $f(x)$ 的表达式有

$$f(x) = \ln\left[\frac{q - \alpha\omega B}{A}\left([S - S_*]_x^0 + \left[\frac{q}{q - \alpha\omega B}S_*\right]_x^0\right)\right] \qquad (4-65)$$

将(4-65)代入(4-63)后得到

$$[S]_x^t = [S_*]_x^t + [S-S_*]_{x-\frac{Q}{A}t}^0 e^{\frac{\alpha\omega B-q}{A}t} + \left[\frac{q}{q-\alpha\omega B}S_*\right]_{x-\frac{Q}{A}t}^0 e^{\frac{\alpha\omega B-q}{A}t} - \left[\frac{q}{q-\alpha\omega B}S_*\right]_x^t$$

(4-66)

从式(4-66)中可以看出,出口断面的含沙量$[S]_x^t$决定于出口断面的挟沙力$[S_*]_x^t$、初始断面的含沙量和挟沙力的差值$[S-S_*]_{x-\frac{Q}{A}t}^0$以及汇入流量$q$。

假设式(4-66)中出口断面的挟沙力$[S_*]_x^t$与进口断面的挟沙力$[S_*]_{x-\frac{Q}{A}t}^0$相等,即$[S_*]_x^t = [S_*]_{x-\frac{Q}{A}t}^0$,则式(4-66)可以变形为

$$[S]_x^t = [S_*]_x^t + [S-S_*]_{x-\frac{Q}{A}t}^0 e^{\frac{\alpha\omega B-q}{A}t} + \left[\frac{q}{\alpha\omega B-q}S_*\right]_x^t (1-e^{\frac{\alpha\omega B-q}{A}t})$$

(4-67)

将水流连续方程代入式(4-67)得到

$$[S]_x^t = [S_*]_x^t + [S-S_*]_{x-\frac{Q}{A}t}^0 e^{\frac{\alpha\omega B-q}{A}t} + \left[\frac{1}{\alpha\omega B-q}\left(\frac{\partial Q}{\partial x}+\frac{\partial A}{\partial t}\right)S_*\right]_x^t (1-e^{\frac{\alpha\omega B-q}{A}t})$$

(4-68)

对$\frac{\partial Q}{\partial x}$、$\frac{\partial A}{\partial t}$使用离散格式后得到

$$[S]_x^t = [S_*]_x^t + [S-S_*]_{x-\frac{Q}{A}t}^0 e^{\frac{\alpha\omega B-q}{A}t} + \left[\frac{1}{\alpha\omega B-q}\left(\frac{Q}{\Delta x}+\frac{A}{\Delta t}\right)S_*\right]_x^t (1-e^{\frac{\alpha\omega B-q}{A}t}) -$$
$$\left[\frac{1}{\alpha\omega B-q}\left(\frac{Q}{\Delta x}\right)S_*\right]_{x-\Delta x}^t (1-e^{\frac{\alpha\omega B-q}{A}t}) - \left[\frac{1}{\alpha\omega B-q}\left(\frac{A}{\Delta t}\right)S_*\right]_x^{t-\Delta t} (1-e^{\frac{\alpha\omega B-q}{A}t})$$

(4-69)

该式仅适用于均匀沙,即流速ω为常数,将该式推广应用于非均匀沙时,应求分组含沙量的沿程变化,即设将非均匀沙分组,每组泥沙的含沙量计算可利用分组挟沙力模式和综合挟沙力模式两种方法求解。

分组挟沙力模式下有

$$[S_i]_x^t = [S_{*i}]_x^t + [S_i-S_{*i}]_{x-\frac{Q}{A}t}^0 e^{\frac{\alpha\omega B-q}{A}t} + \left[\frac{1}{\alpha\omega_i B-q}\left(\frac{Q}{\Delta x}+\frac{A}{\Delta t}\right)S_{*i}\right]_x^t (1-e^{\frac{\alpha\omega_i B-q}{A}t}) -$$
$$\left[\frac{1}{\alpha\omega_i B-q}\left(\frac{Q}{\Delta x}\right)S_{*i}\right]_{x-\Delta x}^t (1-e^{\frac{\alpha\omega_i B-q}{A}t}) - \left[\frac{1}{\alpha\omega_i B-q}\left(\frac{A}{\Delta t}\right)S_{*i}\right]_x^{t-\Delta t} (1-e^{\frac{\alpha\omega_i B-q}{A}t})$$

(4-70)

根据各组泥沙总量百分比p_i的含义,应有

$$S_i = p_i S \quad (i=1,2,3,\cdots,n)$$

$$S_{*i} = p_i S_* \quad (i = 1, 2, 3, \cdots, n)$$

将上式对 i 求和，即可得到非均匀沙总含量的沿程变化

$$[S]_x^t = [S_*]_x^t + [S - S_*]_{x - \frac{Q}{A}t}^0 \Big[\sum_{i=1}^n p_i \mathrm{e}^{\frac{\alpha \omega_i B - q}{A}t} \Big]_{x - \frac{Q}{A}t}^0 - \Big[\frac{AS_*}{\Delta t} \sum_{i=1}^n p_i \frac{1 - \mathrm{e}^{\frac{\alpha \omega_i B - q}{A}t}}{\alpha \omega_i B - q} \Big]_x^{t - \Delta t} +$$

$$\Big[\Big(\frac{Q}{\Delta x} + \frac{A}{\Delta t} \Big) S_* \sum_{i=1}^n p_i \frac{1 - \mathrm{e}^{\frac{\alpha \omega_i B - q}{A}t}}{\alpha \omega_i B - q} \Big]_x^t - \Big[\frac{QS_*}{\Delta x} \sum_{i=1}^n p_i \frac{1 - \mathrm{e}^{\frac{\alpha \omega_i B - q}{A}t}}{\alpha \omega_i B - q} \Big]_{x - \Delta x}^t \tag{4-71}$$

式中，中括号外的上标 t 和 0 分别表示该时段与初始时段的计算值，下标 x 表示不同位置的计算值。

综合挟沙力模式下有

$$S_* = k \Big(\frac{U^3}{gR\omega} \Big)^m \tag{4-72}$$

韩其为认为，这种形式的公式，既可用于均匀沙，也可用于非均匀沙，关键在于选择非均匀沙的代表沉速 ω。设想将单位体积挟沙水流中各粒径组泥沙分别集中，并将此单位水体分成与粒径组数相当的几个部分，每一部分水体刚好能携带一个粒径组的泥沙，则所携带的为均匀沙。

非均匀沙的代表沉速计算公式为

$$\omega = \Big(\sum_{i=1}^n p_i \omega_i^m \Big)^{\frac{1}{m}} \tag{4-73}$$

取 $m = 0.92$，则综合挟沙力公式为

$$S_* = k \Big(\frac{U^3}{gR\omega} \Big)^{0.92} \tag{4-74}$$

式中，ω 为非均匀沙的代表沉速。

（2）悬移质级配的沿程变化

对泥沙淤积计算时，悬沙级配采用下列公式

$$P_i = P_{0i} \frac{(1 - \lambda)^{\left(\frac{\omega_i}{\omega_{zh}} \right)^\beta}}{1 - \lambda} \tag{4-75}$$

式中，λ 为淤积百分比；β 为常数，对淤积计算时取为 0.75。ω_{zh} 按下式计算

$$\frac{\sum_{i=1}^n P_{0i} (1 - \lambda)^{\left(\frac{\omega_i}{\omega_{zh}} \right)^\beta}}{1 - \lambda} = 1 \tag{4-76}$$

则淤积物级配为

$$R_i = \frac{P_{0i}}{\lambda}\left[1-(1-\lambda)^{\left(\frac{\omega_i}{\omega_{zh}}\right)^{\beta}}\right] \qquad (4\text{-}77)$$

（3）床沙级配的沿程变化

对泥沙冲刷计算时，悬沙级配采用

$$P_i = \frac{P_{0i}-\lambda P_i^*}{1-\lambda} \qquad (4\text{-}78)$$

式中，λ 为冲刷百分比，P_i^* 为补给的悬移质级配，其计算公式为

$$P_i^* = R_{0i}\frac{1-(1-\lambda^*)^{\left(\frac{\omega_{zh}}{\omega_i}\right)^{\beta}}}{\lambda^*} \qquad (4\text{-}79)$$

式中，λ^* 为冲刷厚度 Δh 与参与交换的床沙有效深度 h 之比；R_{0i} 为河床质级配；β 为常数，对冲刷计算时取为 0.75。ω_{zh} 按下式计算

$$\frac{\sum\limits_{i=1}^{n}R_{0i}\left[1-(1-\lambda^*)^{\left(\frac{\omega_{zh}}{\omega_i}\right)^{\beta}}\right]}{\lambda^*}=1 \qquad (4\text{-}80)$$

则冲刷过程中床沙级配变化为

$$R_i = R_{0i}\frac{(1-\lambda^*)^{\left(\frac{\omega_{zh}}{\omega_i}\right)^{\beta}}}{1-\lambda^*} \qquad (4\text{-}81)$$

式中，ω_{zh} 按下式计算：

$$\frac{\sum\limits_{i=1}^{n}R_{0i}(1-\lambda^*)^{\left(\frac{\omega_{zh}}{\omega_i}\right)^{\beta}}}{1-\lambda^*}=1 \qquad (4\text{-}82)$$

（4）河网泥沙模型汊点的 12 种形式

在河网的提取过程中，可以将每一个汊点处理为 Y 形结构，即每个汊点均有三条河段与之相连。对于理想汊点，不考虑漕蓄面积的情况下，这三条河段的流入和流出的排列组合数为减去全部流入和全部流出这两种情况。另外在河网提取时对汊点进行处理，可以将汊点分为两种形式。

河网的汊点可能存在如表 4-1 中的 12 种可能，其图形表示如图 4-10 所示。

（5）河网泥沙浓度的求解

对每一个河段进行分析，运用水动力学方程计算得到流量，按照泥沙连续方程的解析形式，在有泥沙浓度的初值条件下可以计算得到相邻断面的泥沙浓度初值，比较前一断面的泥沙浓度和计算出来的泥沙浓度大小，判断是冲刷还是淤

积,进行判断之后对悬移质级配和床沙级配进行修正,并得到修正后新的断面泥沙浓度,将之作为初值,计算下一断面,如是循环,可以计算得到河段的泥沙浓度。

表 4-1 汊点类型

序号	汊点处断面			流向		
	1为末端面,0为首断面			1为流入汊点,−1为流出汊点		
1	1	1	0	1	−1	−1
2	1	1	0	1	−1	1
3	1	1	0	1	1	−1
4	1	1	0	−1	1	1
5	1	1	0	−1	−1	1
6	1	1	0	−1	1	1
7	1	0	0	1	−1	−1
8	1	0	0	1	−1	1
9	1	0	0	1	1	−1
10	1	0	0	−1	−1	1
11	1	0	0	−1	1	1
12	1	0	0	−1	1	1

根据汊点的 12 种形式以及分沙模式,对汊点进行循环。

一条汇流两条分流的汊点以 1 号类型为例。当这种类型的汊点第一条河段的首断面泥沙浓度和悬沙级配已知的时候,可以计算得到末断面的泥沙浓度和悬沙级配,然后在汊点根据分沙模式分给第二条河段末断面和第三条河段首断面泥沙浓度和悬沙级配。

两条汇流一条分流的汊点以 2 号类型为例。当这种类型的汊点第一条河段的首断面泥沙浓度和悬沙级配以及汊点第三条河段的末断面泥沙浓度和悬沙级配已知的情况下,可以分别计算出汊点第一条河段的末断面泥沙浓度和悬沙级配以及汊点第三条河段的首断面泥沙浓度和悬沙级配,根据汊点分沙模式可以计算出第二条河段的末断面泥沙浓度和悬沙级配。

将初始条件赋予相应的河段断面,根据水流结果判断汊点所属的汊点类型,然后对汊点进行第一次循环,对每一个汊点判断对应该类型运行的泥沙初始条件是否为真。以 1 号汊点类型为例,如果汊点第一河段首断面泥沙初始条件为真,则可以计算得到第二河段的末断面和第三河段的首断面的泥沙初始条件。

然后进行第二次汊点循环,将前一次汊点循环得到的新的首末断面初始条件代入,对更多汊点进行计算。如果每次都可以至少解决一个汊点(如果这个循环解不了,因为初始条件个数没有增加,那么下一个循环也一定解不了),那么至多在等于汊点个数次循环下,可以根据已有初始条件的断面解出所有河段的首断面和末断面泥沙信息,即实现根据分沙模式将河网的泥沙浓度求解转化为单一河道的泥沙浓度求解。

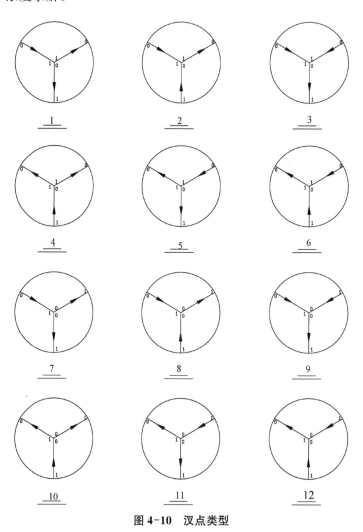

图 4-10　汊点类型

4.4　数据同化技术

粒子滤波(Particle Filter,PF)是基于蒙特卡罗随机模拟来求解贝叶斯最优估计问题的算法,又名序贯蒙特卡罗方法(Sequential Monte Carlo Method)、自举滤波器(Bootstrap Filter)等。由于其非参数化的特点,粒子滤波法可以不受随机变量参数必须满足高斯分布的假定,能表达任意形式的概率分布,同时对随机变量参数的非线性特性建模能力更强,非常适合于非高斯非线性模型,已成为当前数据同化研究领域最主要的同化算法之一。

4.4.1 基本原理

4.4.1.1 似然计算

似然计算的目的是在各粒子先验预报值计算完毕之后,根据当前时刻的观测值,对各个粒子的权重进行更新。似然计算通过似然函数进行,以观测值为标准,先验预报值与观测值相距越近,更新后的粒子权重越大,先验预报值与观测值相距越远,更新后的粒子权重越小。

根据上述可知,似然函数需要计算出粒子权重的值来定量表示先验预报值与观测值的相似程度。在实际问题中,似然函数通常可采用高斯分布函数、柯西分布函数和三角分布函数等形式,具体形式如下。

高斯分布形式
$$W_t^i = \frac{1}{\sqrt{2\pi}\sigma}\exp\left(-\frac{(x_t^i - z_t)^2}{2\sigma^2}\right) \tag{4-83}$$

柯西分布形式
$$W_t^i = \frac{1}{\pi[1 + (x_t^i - z_t)^2]} \tag{4-84}$$

三角分布形式
$$W_t^i = \begin{cases} \dfrac{a + (x_t^i - z_t)}{a^2} & (z_t - a \leqslant x_t^i \leqslant z_t) \\ \dfrac{a - (x_t^i - z_t)}{a^2} & (z_t \leqslant x_t^i \leqslant z_t + a) \end{cases} \tag{4-85}$$

上述各式中,W_t^i 为 t 时刻第 i 个粒子更新后的初始权重值,x_t^i 为 t 时刻第 i 个粒子的先验计算值,z_t 为 t 时刻的观测值,σ 为高斯分布中的似然函数方差,a 为三角分布中的特征参数。

为使所有粒子的权重之和在更新后仍保持为 1,需要对似然函数计算出的粒子初始权重进行归一化处理,得到更新后的标准权重

$$w_t^i = W_t^i \Big/ \sum_{j=1}^N W_t^j \tag{4-86}$$

似然函数形式的选择及其中参数的确定,都对更新后的粒子权重大小有非常直接的影响,需要根据实际具体情况进行选取和确定。

4.4.1.2　重采样

在更新粒子权重的过程中,会出现少数粒子因与观测值非常接近,获得较大的权重,而其他大部分粒子只有很小权重的现象。这种现象称为"粒子退化"。粒子退化会导致大部分计算资源被用在大量权重趋于零的粒子上面,而这些粒子对最后结果的贡献可以忽略。对于粒子退化的程度可用有效采样粒子数 N_{eff} 进行衡量,其定义如下:

$$N_{eff} \approx \frac{1}{\sum\limits_{i=1}^{N} (w_t^i)^2} \tag{4-87}$$

有效采样粒子数越小,表示粒子退化情况越严重。当有效采样粒子数低于设定的阈值,即 $N_{eff} \leqslant N_{thre}$ 时,可以通过重采样的方法来解决粒子退化问题。重采样过程的核心思想在于,在不改变原有概率分布的基础上,通过复制较大权重的粒子,剔除较小权重的粒子,重新生成一个新的粒子集合,以克服粒子退化的问题。由于新的粒子相互之间独立同分布,所以在重采样后所有粒子的权重相等。目前常用的四种基本重采样算法有多项式重采样算法、分层重采样算法、系统重采样算法和残差重采样算法。

多项式重采样算法是最基础的重采样算法,其核心思想是将更新前的粒子权重集合组成多项式分布 $\mathrm{Mult}(N; w_t^1, w_t^2, \cdots, w_t^N)$,再从该多项式分布中随机抽样得到粒子复制信息,然后根据所得的粒子复制信息对部分粒子进行复制,最终得到权重均等的新粒子集合。该算法的主要步骤如下:

(1) 随机生成 N 个服从 $(0, 1]$ 均匀分布的随机数 $r_k \sim U(0, 1]$;

(2) 计算各粒子权重累计和序列 $c^i = c^{i-1} + w_k^i (i = 2, \cdots, n)$;

(3) 统计 $(c^{i-1}, c^i]$ 区间中落入随机数 $r_k (k = 1, \cdots, N)$ 的次数,记为 N^i;

(4) 依次将粒子 x_t^i 复制 N^i 次,即可得到重采样后权重均等的粒子集合。

分层重采样算法在多项式重采样算法的基础上进行了改进,将多项式重采样算法中在 $(0, 1]$ 区间随机抽样 N 次,改为在 N 个均匀子区间各抽样一次。这样原本的无序随机数就变成了有序随机数,可以有效降低重采样后粒子均值的方差。该算法的主要步骤如下:

(1) 将 $(0, 1]$ 区间划分为 N 个连续的均匀子区间 $\left(0, \frac{1}{N}\right]$, $\left(\frac{1}{N}, \frac{2}{N}\right]$, $\cdots$, $\left(\frac{N-1}{N}, 1\right]$;

(2) 对每个子区间进行随机抽样,生成 N 个升序排列的随机数 r_k;

(3) 计算各粒子权重累计和序列 $c^i = c^{i-1} + w_k^i (i = 2, \cdots, n)$;

(4) 统计 $(c^{i-1}, c^i]$ 区间中落入随机数 $r_k(k=1,\cdots,N)$ 的次数,记为 N^i;

(5) 依次将粒子 x_t^i 复制 N^i 次,即可得到重采样后权重均等的粒子集合。

系统重采样算法与分层重采样算法类似,改进之处在于设定每个子区间的抽样样本在区间的相对位置都相同;因此抽样的随机数不再独立,与分层重采样算法相比,降低了计算量。该算法的主要步骤如下:

(1) 将 $(0,1]$ 区间划分为 N 个连续的均匀子区间 $\left(0,\dfrac{1}{N}\right]$,$\left(\dfrac{1}{N},\dfrac{2}{N}\right]$,$\cdots$,$\left(\dfrac{N-1}{N},1\right]$;

(2) 对区间 $\left(0,\dfrac{1}{N}\right]$ 进行随机抽样得到随机数 r_1,计算 $r_k=(i-1)/N+r_1$ $(k=2,\cdots,N)$;

(3) 计算各粒子权重累计和序列 $c^i=c^{i-1}+w_k^i(i=2,\cdots,n)$;

(4) 统计 $(c^{i-1},c^i]$ 区间中落入随机数 $r_k(k=1,\cdots,N)$ 的次数,记为 N^i;

(5) 依次将粒子 x_t^i 复制 N^i 次,即可得到重采样后权重均等的粒子集合。

残差重采样算法也是在多项式重采样算法的基础上进行的改进,只进行残差次数的抽样和复制,可以有效地降低算法计算量和重采样后的粒子均值方差。该算法的主要步骤如下:

(1) 计算保留粒子个数 $R=\displaystyle\sum_{i=1}^{n}\lfloor Nw_t^i\rfloor$ 及各粒子的残差权重 $w_t^{i\prime}=\dfrac{Nw_t^i-\lfloor Nw_t^i\rfloor}{N-R}$,其中 $\lfloor\,\rfloor$ 表示取整运算;

(2) 随机生成 $(N-R)$ 个服从 $(0,1]$ 均匀分布的随机数 $r_k\sim U(0,1](k=1,\cdots,N-R)$;

(3) 计算各粒子残差权重累计和序列 $c^{i\prime}=c^{i-1\prime}+w_k^{i\prime}(i=2,\cdots,n)$;

(4) 统计 $(c^{i-1},c^i]$ 区间中落入随机数 $r_k(k=1,\cdots,N-R)$ 的次数,记为 $N^{i\prime}$;

(5) 计算各粒子的复制信息 $N^i=\lfloor Nw_t^i\rfloor+N^{i\prime}$;

(6) 依次将粒子 x_t^i 复制 N^i 次,即可得到重采样后权重均等的粒子集合。

在四种基本重采样算法中,多项式重采样算法的计算量最大,分层重采样法和系统重采样算法比较接近,残差重采样算法取决于残余粒子数量,计算量最小。此外,分层重采样算法和系统重采样算法对粒子顺序比较敏感,如果改变重采样前的粒子顺序,重采样后将会生成新的粒子集合分布。

4.4.1.3　多样性保证

重采样在一定程度上缓解了粒子退化的问题,但同时也不可避免地会导致另一个严重问题,即"样本贫化"。在重采样过程中,对权重较大的粒子进行多次复制,而对权重较小的粒子进行剔除,在经过多次重采样步骤后,粒子集合中会出现大量相同的粒子,从而导致粒子集合的多样性受到损失,出现"样本贫化"的现象。在极端时,由于某一粒子的权值过大,会出现重采样后粒子集合中的所有粒子都为同一粒子的情况。"样本贫化"会使粒子集合不再能够正确地近似逼近随机变量的后验概率分布,降低粒子滤波性能。解决"样本贫化"问题的方法有多种,如增加采样粒子的数量,限制重采样的次数,对基本重采样算法进行改进,对重采样后的粒子增加随机噪声进行扰动等。

增加采样粒子的数量可以增大粒子重采样时的抽样范围,能够在一定程度上缓解样本贫化的问题,但在实际计算时,过大的粒子数量会大大增加计算负担。限制重采样的次数,可以通过降低重采样时有效采样粒子数的阈值 N_{thre},防止过度重采样;但是降低有效采样粒子数的阈值 N_{thre} 过多,会影响到粒子算法的有效性。因此在确定有效采样粒子数的阈值 N_{thre} 时需要进行权衡比较。

对基本重采样算法进行改进,可以从算法结构上避免对粒子的简单复制和剔除操作。如马尔可夫链蒙特卡洛转移粒子滤波方法(MCMC),通过构建马尔可夫链,重采样时引导粒子集合向高似然区域移动,从而减弱粒子间的关联性。又如正则化粒子滤波方法,用核函数将粒子集合表示的后验概率离散近似分布转变为连续近似分布,重采样时直接在连续分布上进行采样。其他改进重采样算法还有辅助变量粒子滤波、裂变自举粒子滤波、高斯粒子滤波等。此外,对重采样后的粒子通过增加随机噪声的方式进行适当扰动,可以直接增加每个粒子的活跃度和粒子间的差异性,有效提升粒子滤波算法的内在随机特性,从而保证粒子集合的多样性。扰动方法简单直接有效,应用也较多,但在确定随机噪声大小时需要慎重考虑,确保扰动后既有扰动效果又不能与原来的后验分布差别太大。

4.4.1.4　粒子滤波同化效果评价指标

为了对粒子滤波的同化效果进行定量评估,本书引入评价指标来表征在粒子滤波同化后,模型在精度方面的定量提升效果。

常用的确定性精度指标有纳什效率系数(NSE)、均方根误差($RMSE$)、平均偏差(MB)、平均相对误差($MARE$)和确定性系数(R^2)等。本书主要采用纳什效率系数(NSE)和均方根误差($RMSE$)对粒子集合均值的精度进行定量描述,其具体定义分别如下。

$$NSE = 1 - \frac{\sum_{t=1}^{T}(Q_0^t - Q_m)^2}{\sum_{t=0}^{T}(Q_0^t - Q_0)^2} \tag{4-88}$$

式中,Q_0^t 表示 t 时刻的实测值,Q_m 表示 t 时刻的计算值,Q_0 表示实测值的平均值。

$$RMSE = \sqrt{\frac{1}{M}\sum_{k=1}^{M}(\overline{x}_k - z_k)^2} \qquad (4-89)$$

其中,M 为计算时间内有观测值的数量,z_k 为第 k 个观测值,$\overline{x}_k$ 为对应第 k 个观测值时刻的粒子集合均值。

纳什效率系数无单位,常用百分数表示。NSE 的取值为负无穷到 1。当 NSE 接近 1 时,实测值与计算值接近,表示模拟质量好,模型可信度高;当 NSE 接近 0 时,表示模拟结果接近实测值的平均值水平,即总体结果可信,但过程模拟存在误差;NSE 远远小于 0 时,则模型不可信。本项目分别计算长江干流各站流量和水位的 NSE 值,其值都接近 1,模拟过程符合实际情况。

均方根误差是预测值与真实值偏差的平方与观测次数 n 比值的平方根,均方根误差的单位与观测值及模型状态变量的单位相同,在实际测量中,观测次数 n 总是有限的,真值只能用最可信赖(最佳)值来代替。$RMSE$ 始终是非负的,值为 0(实际上几乎从未实现)表明数据非常合适。通常,较低的 $RMSE$ 优于较高的 $RMSE$。

4.4.2　粒子滤波同化系统基本流程

根据上述讨论内容,再考虑本项目所研究的水沙数学模型特性,本项目选取高斯分布函数作为似然函数进行似然性计算,选取多项式重采样算法来克服粒子退化问题,选取添加随机噪声扰动粒子方法来保证粒子集合的多样性。图 4-11 为本项目所构建的粒子滤波同化系统示意图。

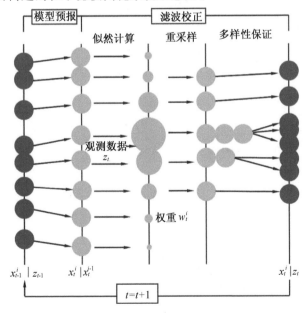

图 4-11　粒子滤波同化系统示意图

粒子滤波同化系统的运行过程可划分为模型预报和滤波校正两个阶段。在模型预报阶段,根据已有的数学模型计算状态转移方程,由上一时刻的后验分布推求当前时刻的先验分布。在滤波校正阶段,结合已知的观测信息,经过似然计算得到更新后的粒子权重、重采样克服粒子退化、添加随机噪声扰动粒子保证粒子集合的多样性等操作,由当前时刻的先验分布得到当前时刻的后验分布。模型预报和滤波校正两部分共同构成了一次完整的系统状态时间递推过程——从上一时刻的系统状态后验分布到当前时刻的系统状态后验分布。

4.4.3 荆江—洞庭湖河网数值模型粒子滤波关键技术应用

本节在前文所构建的荆江—洞庭湖系统水沙数值模型的基础上,运用粒子滤波数据同化方法,增加同化模块对水动力模型进行实时校正,构建荆江—洞庭湖区域水沙数值模型(流程如图 4-12 所示)。

4.4.3.1 粒子集合

荆江—洞庭湖河网水动力模型通过计算断面的水位和流量反映所在断面的水流运动状态,通过计算断面的糙率系数反映所在断面的水流阻力特征。对于一个特定的河道洪水过程状态,可以用沿程各断面的水位、流量、糙率系数、断面面积及河宽来表示。河道洪水过程状态发生变化时,沿程各断面的水位、流量和糙率系数、断面面积及河宽也会随之发生变化。

本研究将沿程各断面的水位、流量、糙率系数、河道断面面积、河宽组成粒子滤波算法中的基本粒子。每一个基本粒子可以表征一种可能的河道洪水过程状态,通过粒子集合就可以表示河道洪水过程状态的概率分布,从而作为估计河道洪水过程状态不确定性的手段。对于本研究粒子集合中 t 时刻的第 k 个基本粒子状态 $\boldsymbol{P}_t(k)$,可以表示为:

$$\boldsymbol{P}_t(k) = \left[\boldsymbol{Q}_t(k), \boldsymbol{Z}_t(k), \boldsymbol{n}_t(k), \boldsymbol{A}_t(k), \boldsymbol{B}_t(k)\right] \tag{4-90}$$

$$\boldsymbol{Q}_t(k) = \left[Q_t^{1,1}(k), Q_t^{1,2}(k), Q_t^{1,3}(k), \cdots, Q_t^{i,j}(k)\right] \tag{4-91}$$

$$\boldsymbol{Z}_t(k) = \left[Z_t^{1,1}(k), Z_t^{1,2}(k), Z_t^{1,3}(k), \cdots Z_t^{i,j}(k)\right] \tag{4-92}$$

$$\boldsymbol{n}_t(k) = \left[n_t^{1,1}(k), n_t^{1,2}(k), n_t^{1,3}(k), \cdots n_t^{i,j}(k)\right] \tag{4-93}$$

$$\boldsymbol{A}_t(k) = \left[A_t^{1,1}(k), A_t^{1,2}(k), A_t^{1,3}(k), \cdots A_t^{i,j}(k)\right] \tag{4-94}$$

$$\boldsymbol{B}_t(k) = \left[B_t^{1,1}(k), B_t^{1,2}(k), B_t^{1,3}(k), \cdots B_t^{i,j}(k)\right] \tag{4-95}$$

其中,$Q_t^{i,j}(k)$、$Z_t^{i,j}(k)$、$n_t^{i,j}(k)$、$A_t^{i,j}(k)$、$B_t^{i,j}(k)$ 分别表示 t 时刻第 i 河段第 j 断面的流量、水位、糙率系数、河道面积、河宽,i 为河段数,j 为各河段的断面数,k 为

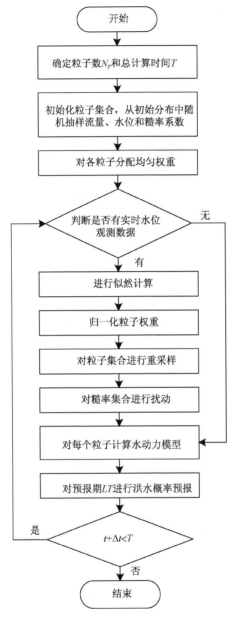

图 4-12 基于粒子滤波的荆江—洞庭湖系统数据同化模型流程图

当前基本粒子号。

4.4.3.2 计算流程

(1) 模型初始化

在初始时刻,从沿程各断面水位、流量和糙率的初始分布中进行随机抽样,

得到 N_p 个权重均等的粒子集合 $\boldsymbol{P}_0=(\boldsymbol{Q}_0,\boldsymbol{Z}_0,\boldsymbol{n}_0,\boldsymbol{A},\boldsymbol{B})$，各粒子的权重为 $W_i=1/N_p$。在本研究中，每个粒子中的初始流量 $\boldsymbol{Q}_0$、初始水位 $\boldsymbol{Z}_0$ 和初始糙率 $\boldsymbol{n}_0$ 通过对沿程各断面的初始值进行扰动得到，具体扰动形式如下：

$$\hat{Q}_0^{i,j}=Q_0^{i,j}+\varepsilon_Q^{i,j}\quad \varepsilon_Q^m\sim U[-0.1Q_0^m,0.1Q_0^m] \tag{4-96}$$

$$\hat{Z}_0^{i,j}=Z_0^{i,j}+\varepsilon_0^{i,j}\quad \varepsilon_Z^m\sim U[-0.05,0.05] \tag{4-97}$$

$$\hat{n}_0^{i,j}=n_0^{i,j}+\varepsilon_0^{i,j}\quad \varepsilon_n^m\sim U[-0.005,0.005] \tag{4-98}$$

$$\hat{A}_0^{i,j}=A_0^{i,j}+\varepsilon_0^{i,j}\quad \varepsilon_A^m\sim U[-0.05,0.05] \tag{4-99}$$

$$\hat{B}_0^{i,j}=B_0^{i,j}+\varepsilon_0^{i,j}\quad \varepsilon_B^m\sim U[-0.05,0.05] \tag{4-100}$$

其中，i,j 分别表示计算河段及断面的序号，帽符表示噪声扰动后的变量。需要注意的是，假定在每一个子河段内各计算断面的糙率值相同，所以在同一子河段内采用相同的噪声值对糙率进行扰动。

（2）粒子概率预报先验计算

对 t 时刻的水动力过程状态进行概率预报。根据所建立的荆江—洞庭湖系统洪水传播模型，分别计算在每一个粒子 $\boldsymbol{P}_0=(\boldsymbol{Q}_0,\boldsymbol{Z}_0,\boldsymbol{n}_0,\boldsymbol{A},\boldsymbol{B})$ 情况下，预报期 LT 的水位 $\boldsymbol{Z}_{t+LT}$ 和流量 $\boldsymbol{Q}_{t+LT}$。各粒子计算结果的集合即为洪水先验概率预报结果。

（3）观测值校验判断

判断 t 时刻是否有可用的实时水位观测数据。若有，则转入（4），进入同化模块对观测数据进行同化；若无，则转入（2），进入下一时刻继续对预报期 LT 的洪水过程状态进行概率预报。

（4）似然权重计算

在同化过程中，将长江干流主河道宜昌、沙市、监利、螺山各个站点的水位观测数据用于评估该计算断面处模型先验预报水位值的准确程度，计算各测站的分似然权重：

$$W_t^{k,j}=\frac{1}{\sqrt{2\pi}\sigma_t^j}\exp\left(-\frac{(Z_t^{k,j}-Y_t^j)^2}{2\sigma_t^{j2}}\right) \tag{4-101}$$

式中，$W_t^{k,j}$ 为 t 时刻第 k 个粒子在第 j 个测站处的分似然权重；$Z_t^{k,j}$ 为 t 时刻第 k 个粒子在第 j 个测站处的模型先验预报水位值；Y_t^j 为 t 时刻第 j 个测站处的观测水位值（实测数据采用 86 黄海高程）；σ_t^j 为 t 时刻在第 j 个测站处的似然函数标准方差，对不同测站和不同时刻可以简化为常数进行考虑。对于长江干流河道，似然函数标准方差值可取为 0.1。

对于第 k 个粒子的总似然权重计算可以通过将各测站的分似然权重视为独立变量，通过联合概率公式推求得到：

$$W_t^k = \prod_{j=1}^{N_o} W_t^{k,j} \tag{4-102}$$

式中，N_o 表示可用观测站点的个数。本模型中 $N_o=4$。

最后对各粒子的似然权重进行归一化处理就可以得到各粒子的标准权重：

$$w_t^i = W_t^i \Big/ \sum_{i=1}^{N_p} W_t^i \tag{4-103}$$

式中，N_p 表示粒子集合中粒子数。综合考虑模型计算的时间成本及计算精确度，本模型中粒子数 $N_p=50$。

（5）重采样

在更新粒子权重的过程中，会出现少数粒子因与观测值非常接近，获得较大的权重，而其他大部分粒子只有很小权重的"粒子退化"现象。本研究采取相对成熟稳定的多项式重采样算法以克服粒子退化现象。其原理及主要步骤前文已有较为详细的介绍，此处不再赘述。

在生成新粒子集合后对粒子集合进行重新赋值并重置权重：

$$Z_t^i = Z_t^{B_j}, Q_t^i = Q_t^{B_j}, n_t^i = n_t^{B_j}, A_t^i = A_t^{B_j}, B_t^i = B_t^{B_j} w_t^i = 1/N_p。$$

4.4.3.3　多样性保证

重采样过程中，对权重较大的粒子进行多次复制，而对权重较小的粒子进行剔除，在经过多次重采样步骤后，粒子集合中会出现大量相同的粒子，从而导致粒子集合的多样性受到损失，出现"样本贫化"的现象。

对重采样后的粒子采取增加随机噪声的方式进行适当扰动，可以直接增加每个粒子的活跃度和粒子间的差异性，有效提升粒子滤波算法的内在随机特性，从而保证粒子集合的多样性。但直接对状态变量水位和流量进行扰动会导致在水动力模型计算中出现质量不守恒的现象，而对参数糙率系数扰动则不会出现这个问题。故在本研究计算中，重采样后只对糙率系数进行扰动，增加系统随机噪声来保证粒子的多样性。考虑到荆江—洞庭湖各子河段糙率的变化特征不同，在对各子河糙率进行扰动时，分别添加不同大小的噪声。

对于宜昌—沙市河段：

$$\boldsymbol{n}_t = \boldsymbol{n}_{t-1}^{resample} + \zeta_1 \quad \zeta_1 \sim N(0,0.004^2) \tag{4-104}$$

对于沙市—监利河段：

$$\boldsymbol{n}_t = \boldsymbol{n}_{t-1}^{resample} + \zeta_2 \quad \zeta_2 \sim N(0,0.003^2) \tag{4-105}$$

对于监利—螺山河段：

$$n_t = n_{t-1}^{resample} + \zeta_3 \quad \zeta_3 \sim N(0, 0.002^2) \tag{4-106}$$

最后,退出同化模块,进入下一时刻的洪水过程先验状态进行概率预报。

4.5 模型率定与验证

本节通过对荆江—洞庭湖河网 2003 年真实的洪水过程进行计算,验证所构建一维河网程序及同化模块的可行性及可靠性。结果表明,一维河网程序计算模拟精度较高,粒子滤波数据同化模型可行且具有良好的糙率优化效果。

4.5.1 初始条件

本研究计算过程中,依据 1998 年地形将干流河道划分为 635 个计算断面,依据 1995 年地形将洞庭湖区和三口洪道划分为 853 个计算断面,模型计算步长从 300 s 到 7 200 s 不等。三口洪道由松滋口、太平口、藕池口等三口分流入洞庭湖的松滋河、虎渡河、藕池河组成。松滋河东、西两支进口控制站分别为沙道观站、新江口站;虎渡河进口控制站为弥陀寺站;藕池河进口东、西两支控制站分别为管家铺站、康家岗站。湘、资、沅、澧四水尾闾控制站分别为湘潭、桃江、桃源、津市四站。

4.5.2 边界条件

模型以长江干流宜昌、支流清江、支流汉江以及湘资沅澧四水作为进口边界,长江干流汉口作为出口边界。计算区域包含 46 个汊点、72 条河段、1 184 个断面,包括长江干流宜昌至汉口河段、洞庭湖三口河道、四水河道以及东、西、南湖区。其中长江干流主要测站有沙市、监利、螺山等,三口河道主要测站有新江口、沙道观、康家岗、管家铺、安乡、自治局等,南洞庭湖区主要测站有小河咀、沙头、草尾、南咀等,东洞庭湖区主要测站有鹿角、城陵矶等。

本研究根据 2003 年地形和边界条件,计算 2003 年 1 月 1 日至 2003 年 12 月 31 日逐日水位流量,与该年实测水位流量数据进行比较、验证。其中水位采用 85 黄海高程。

4.5.3 参数设置

数值模型在荆江—洞庭湖区域运行,采用真实洪水过程对长江干流荆江河段及洞庭湖区城陵矶等 4 个典型测站同步水文观测数据进行实时模型同化,优化更新模型状态变量后验值、动态校正模型参数糙率系数,得出模型同化结果。

(1) 似然函数标准方差值

根据宜昌到汉口河段 4 个水情遥测站点的实测水位数据对粒子集合的权重

进行更新。粒子先验计算水位值与实测水位数据相接近的,更新后的粒子获得较大的权重,反之,同化更新后的粒子获得较小的权重。测站河段及断面信息及荆江—洞庭湖河网数值模型数据同化似然函数标准方差值如表 4-2 所示。

表 4-2　荆江—洞庭湖系统数值模型数据同化似然函数标准方差值

水文测站名称	测站位置(河段-断面)	似然函数标准方差
宜昌	1-1	0.1
沙市	4-11	0.1
监利	5-38	0.1
螺山	6-12	0.1

(2)糙率系数

一维河网水沙模型中主要需要率定合适的水流阻力参数,即寻求合适的曼宁糙率系数(以下简称糙率)。糙率的影响因素有很多,包括壁面粗糙程度、断面形状、过流量和水深等。糙率的选取具有很强的经验性,对不同的河流底质也有相应的参考值。

本研究根据荆江三口及洞庭湖区位关系,将河网划分为宜昌—松滋口、松滋口—太平口、太平口—藕池口、藕池口—城陵矶、城陵矶—汉口 5 个部分,在参考前人研究结果的基础上,基于各河段不同流量,通过试错法率定出各子河段的初始糙率系数,一维河网水沙模型长江干流区域及洞庭湖区糙率值如表 4-3、表 4-4 所示。

表 4-3　一维河网水沙模型长江干流区域糙率表

河段名称	流量范围(m³)								
	(0, 5 000]	(5 000, 10 000]	(10 000, 20 000]	(20 000, 30 000]	(30 000, 40 000]	(40 000, 50 000]	(50 000, 60 000]	(60 000, 70 000]	(70 000, ∞)
宜昌—松滋口	0.066	0.05	0.043	0.032	0.027	0.06	0.02	0.02	0.019
松滋口—太平口	0.024	0.023	0.022	0.020 2	0.019 4	0.021	0.016	0.016	0.016
太平口—藕池口	0.034	0.028	0.028	0.021	0.019	0.016	0.016	0.015	0.015
藕池口—城陵矶	0.025	0.023	0.021	0.019	0.018	0.02	0.019	0.018	0.013 5
城陵矶—汉口	0.045	0.043	0.022	0.022	0.024	0.017 5	0.017 5	0.017 5	0.017 5

可以看出,宜昌—松滋口河段的水流阻力较大,各流量区间段的糙率系数值都在 0.019 以上,特别是流量较小的枯水期阶段,糙率系数值高达 0.066。其余河段中,除城陵矶—汉口河段在低流量时刻糙率为 0.04 上下,其余河段糙率系数均在 0.015～0.034 之间。

表 4-4　一维河网水沙模型洞庭湖区糙率表

河段名称	流量范围(m³)				
	(0,1 000]	(1 000,3 000]	(3 000,5 000]	(5 000,10 000]	(10 000,∞)
洞庭湖区	0.032	0.032	0.036	0.036	0.036
松滋西支	0.024	0.025	0.021	0.022	0.019
松滋东支	0.025	0.027	0.025	0.025	0.02
虎渡河	0.025	0.027	0.025	0.025	0.02
藕池口	0.02	0.018	0.022	0.022	0.015
藕池东支	0.02	0.018	0.021 5	0.025	0.015
藕池西支	0.103	0.035	0.025	0.02	0.015
城陵矶	0.34	0.34	0.34	0.34	0.34

在此工况基础上,设定粒子滤波初始糙率正态分布均值及扰动方差,其中各河段同化测站子河段的初始糙率系数均值及扰动方差如表 4-5 所示。

表 4-5　荆江—洞庭湖各河段长度及初始糙率正态分布扰动值

河段序号	代表水位站	糙率系数均值	方差 σ
1	宜昌	0.06	0.002
4	沙市	0.02	0.001
5	监利	0.02	0.001
6	螺山	0.03	0.002

4.5.4　率定结果

主要通过绘图和纳什效率系数两种方法进行验证。

① 绘图

绘制各测站逐日水位、流量随时间变化的过程线,将实测与计算结果进行比较,简洁直观地反映验证结果。

② 纳什效率系数

运用公式(4-88)计算纳什效率系数 NSE,通过明确的数值进行判断。

当 NSE 接近 1 时,实测值与计算值接近,表示模拟质量好,模型可信度高;当 NSE 接近 0 时,表示模拟结果接近实测值的平均值水平,即总体结果可信,但过程模拟存在误差;当 NSE 远远小于 0 时,则模型不可信。

(1) 长江干流水动力

长江干流主要测站有沙市、监利、螺山等站。将 2003 年实测与计算流量、水位比较并绘图,如图 4-13 至图 4-18 所示。可见沙市站和监利站实测值与计算值曲线符合较好,未见明显差异;螺山站流量实测值与计算值符合较好,但计算水位在年初和年末偏高。

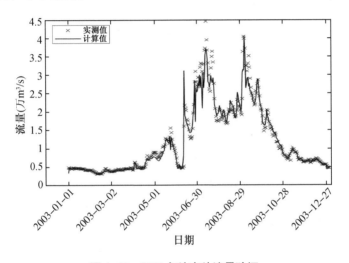

图 4-13　2003 年沙市站流量验证

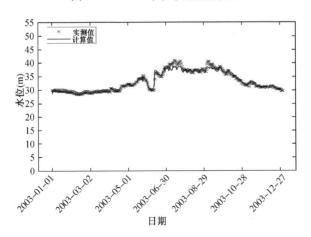

图 4-14　2003 年沙市站水位验证

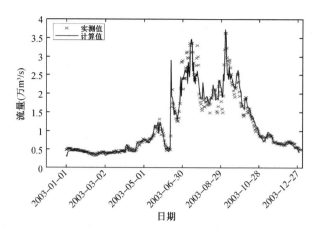

图 4-15　2003 年监利站流量验证

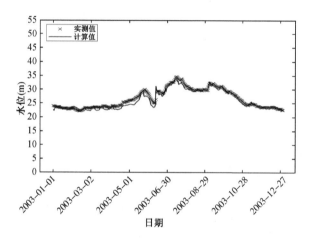

图 4-16　2003 年监利站水位验证

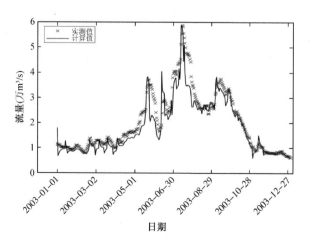

图 4-17　2003 年螺山站流量验证

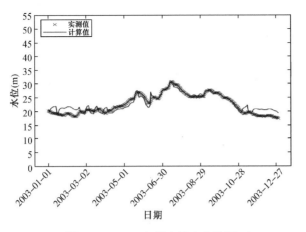

图 4-18 2003 年螺山站水位验证

分别计算长江干流各站流量和水位的 NSE 值（详见表 4-6），其值都接近 1，模拟过程符合实际情况。

表 4-6 2003 年长江干流主要测站 NSE 值

水文站	流量 NSE 值	水位 NSE 值
沙市站	0.94	0.91
监利站	0.92	0.88
螺山站	0.84	0.83

（2）三口河道水动力

三口河道主要测站有安乡、新江口、沙道观、康家岗、管家铺、自治局等站。将 2003 年实测与计算流量、水位比较并绘图，如图 4-19 至图 4-27 所示，其中新江口、沙道观、康家岗和自治局站的实测水位有部分缺失。

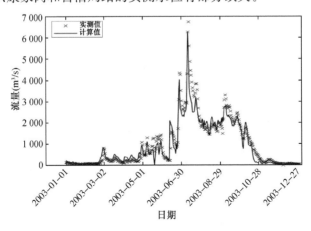

图 4-19 2003 年安乡站流量验证

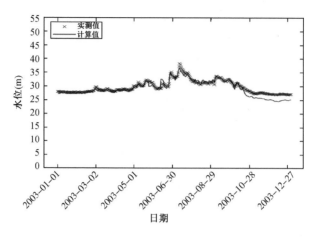

图 4-20 2003 年安乡站水位验证

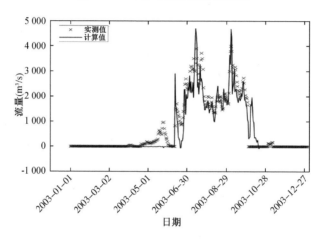

图 4-21 2003 年新江口站流量验证

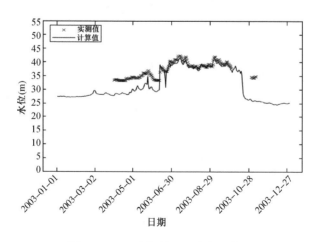

图 4-22 2003 年新江口站水位验证

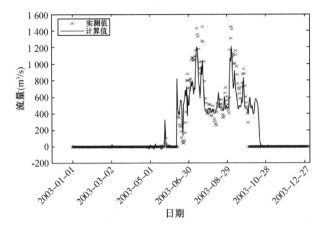

图 4-23　2003 年沙道观站流量验证

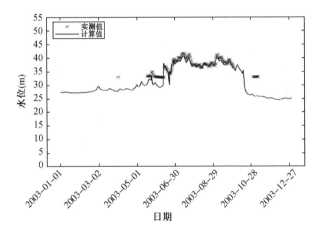

图 4-24　2003 年沙道观站水位验证

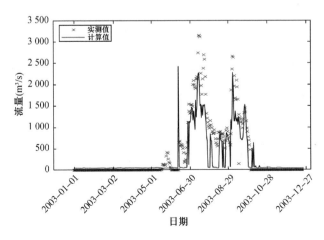

图 4-25　2003 年管家铺站流量验证

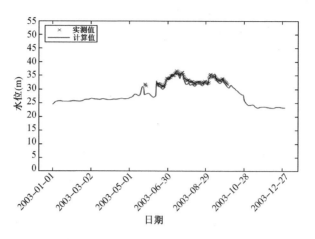

图 4-26　2003 年康家岗站水位验证

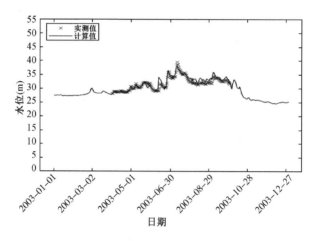

图 4-27　2003 年自治局站水位验证

　　结果表明,各测站流量的实测值与计算值都符合较好。新江口和沙道观站实测水位未缺失的时间段中,流量不为 0 时计算水位与实测水位符合较好,流量为 0 时计算水位偏低;康家岗和自治局站实测水位未缺失的时间段中,计算水位与实测水位符合较好;安乡站计算水位整体与实测水位符合较好,但在年末偏低。

　　分别计算各站流量和水位的 NSE 值(详见表 4-7),其中新江口、沙道观、康家岗和自治局站以实测数据未缺失的时间段进行计算,结果表明,三口河道各站的流量 NSE 值接近 1,模拟过程十分符合实际情况。自治局站水位 NSE 值接近 0.9,沙道观站水位 NSE 值接近 0.5,安乡站水位 NSE 值约为 0.7,计算与实测水位比较符合;新江口和康家岗站的水位 NSE 值则在 0.3 以下,模拟结果与实际结果的平均水平大致相符。

表 4-7　2003 年三口河道主要测站 *NSE* 值

水文站	流量 *NSE* 值	水位 *NSE* 值
沙道观站	0.81	0.50
新江口站	0.78	−0.29
康家岗站	—	−0.11
自治局站	—	0.90
管家铺站	0.70	—
安乡站	0.89	0.74

注：康家岗站、自治局站未进行流量验证，管家铺未进行水位验证。

（3）洞庭湖区水动力

南洞庭湖主要测站有小河咀、草尾、沙头、南咀等站。将 2003 年南洞庭湖测站实测与计算水位、流量比较并绘图，如图 4-28 至图 4-33 所示，其中小河咀和草尾

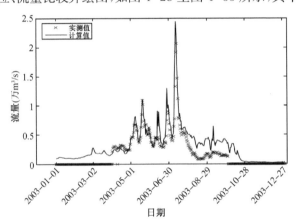

图 4-28　2003 年小河咀站流量验证

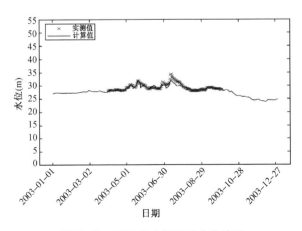

图 4-29　2003 年小河咀站水位验证

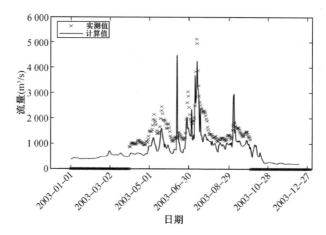

图 4-30   2003 年草尾站流量验证

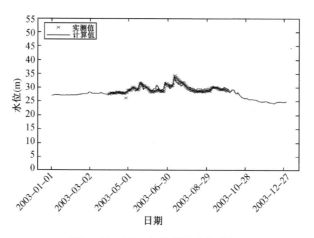

图 4-31   2003 年草尾站水位验证

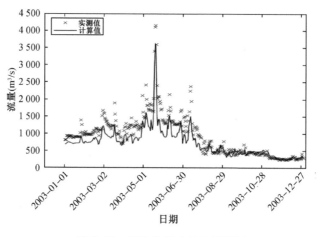

图 4-32   2003 年沙头站流量验证

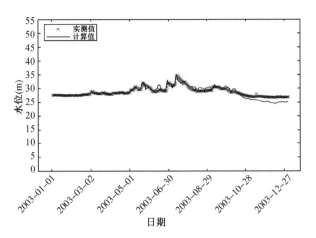

图 4-33 2003 年南咀站水位验证

站实测水位有部分缺失,结果表明,实测流量为 0 即断流期间,小河咀和南咀站计算流量与实测流量存在差异,但在未断流期间符合较好;沙头站计算流量与实测流量整体符合。小河咀与草尾站在实测水位未缺失的时间段,计算和实测水位未见明显差异,南咀站水位则整体符合较好,但在年末计算水位偏低。

分别计算各站流量和水位的 NSE 值(详见表 4-8),其中小河咀、草尾和沙头站的流量 NSE 值都大于 0.5 接近 1,表明流量模拟过程符合实际情况;小河咀、草尾和南咀站水位 NSE 值也大于 0.5 接近 1,表明水位模拟结果与实际水平基本相符。

表 4-8 2003 年南洞庭湖主要测站 NSE 值

水文站	流量 NSE 值	水位 NSE 值
小河咀站	0.78	0.60
草尾站	0.59	0.74
沙头站	0.76	—
南咀站	—	0.69

东洞庭湖主要测站有城陵矶、鹿角等站。将 2003 年实测与计算流量、水位比较并绘图,如图 4-34 至图 4-36 所示,城陵矶站计算与实测流量整体相符,城陵矶和鹿角站的计算水位在年初和年末偏高,其他时间段与实测水位符合较好。

城陵矶站流量和水位 NSE 值、鹿角站水位 NSE 值都超过 0.5,接近 1,说明模拟过程与实际符合较好,详见表 4-9。

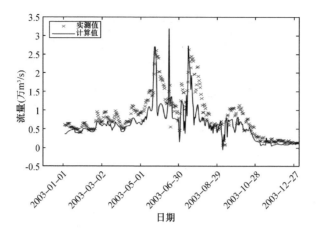

图 4-34　2003 年城陵矶站流量验证

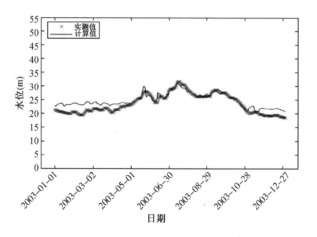

图 4-35　2003 年城陵矶站水位验证

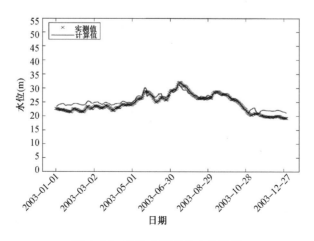

图 4-36　2003 年鹿角站水位验证

表 4-9　2003 年东洞庭湖主要测站 *NSE* 值

水文站	流量 *NSE* 值	水位 *NSE* 值
城陵矶站	0.51	0.73
鹿角站	—	0.79

结果表明,模型计算的精度较好,能够比较准确地模拟长江干流、三口河道和洞庭湖湖区的洪水过程。

4.5.5　验证结果

为了验证所构建的荆江—洞庭湖系统实时洪水概率预报模型在真实洪水事件中的适用性,本研究利用所构建的数据同化水沙数值模型对 2003 年全年真实洪水过程进行了模拟计算,并将其与实测数据对比,以此验证模型的可靠性和精度。

洪水事件发生于 2003 年,在洪水事件过程期间,以各水文(位)站每天 0 时的水位实测值作为观测数据对模型进行实时同化。

4.5.5.1　验证年份洪水过程同化模拟过程

为了评估数据同化过程对真实洪水过程中的模型校正效果,以显示粒子滤波同化模块在真实洪水计算过程中的校正能力,图 4-37 至图 4-39 给出了数值模型同化校正过程中的流量、水位和糙率系数变化曲线。图中"＋"号表示 2003 年实测过程,点划线表示有同化模块的粒子均值过程,实线表示数据同化模型计算结果的最大值,虚线表示同化过程最小值。

(1) 长江干流主要测站水动力同化过程

长江干流主要测站有宜昌、沙市、监利、螺山、汉口等站。本节将实测数据与计算流量、水位绘图并对比分析。结果显示,宜昌、沙市、监利、螺山站实测值

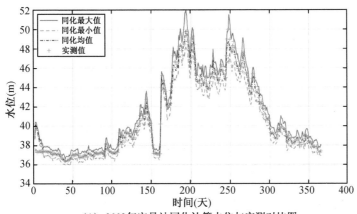

（1）2003年宜昌站同化计算水位与实测对比图

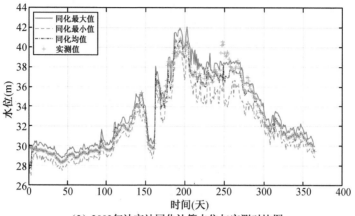

（2）2003年沙市站同化计算水位与实测对比图

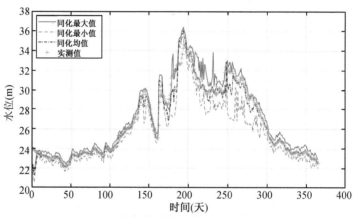

（3）2003年监利站同化计算水位与实测对比图

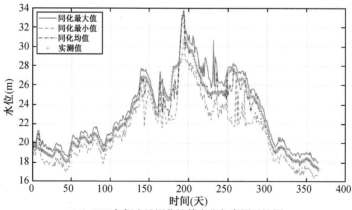

（4）2003年螺山站同化计算水位与实测对比图

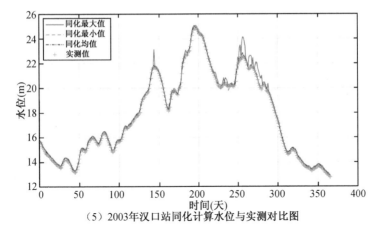

（5）2003年汉口站同化计算水位与实测对比图

图4-37　典型测站同化校正水位过程

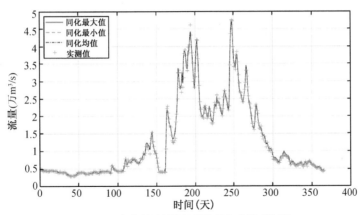

（1）2003年宜昌站同化计算流量与实测对比图

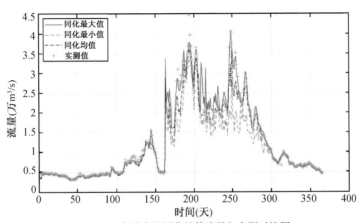

（2）2003年沙市站同化计算流量与实测对比图

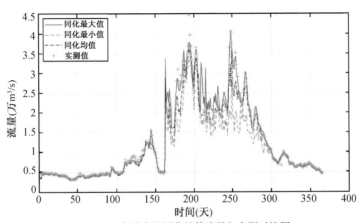

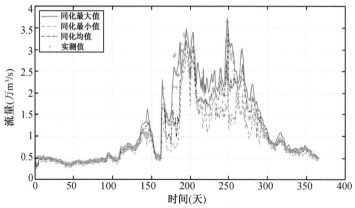

（3）2003年监利站同化计算流量与实测对比图

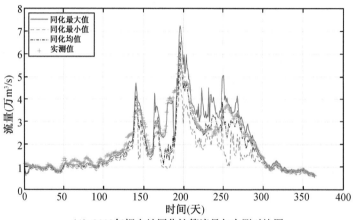

（4）2003年螺山站同化计算流量与实测对比图

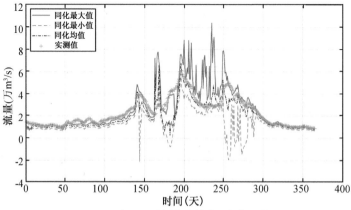

（5）2003年汉口站同化计算流量与实测对比图

图 4-38　典型测站同化校正流量过程

与计算值曲线符合较好,同化最大值、最小值均匀分布于实测值的两侧,同化均值与实测值吻合较好;而汉口站水位实测值与计算值符合较好,但计算流量在汛期紊动剧烈,模拟误差相对较大。

从图4-37、图4-38中流量和水位校正过程可以看出,粒子滤波同化模块可以有效地将流量和水位校正在实测值附近。尽管由于模型初始条件的偏差,在起始一段时间内,校正的流量和水位与实测值之间存在一定的差异,但随着同化模块对模型的校正,经过一段时间后,与实测值间的差异很快被消除。

同化结果还表明,水位过程的校正效果优于流量校正,原因在于水位条件是基于似然函数计算的直接校正,而流量仅是被动更新后的间接校正。

(2)长江干流主要测站糙率动态校正过程

数据同化模型的先进性在于其依据实测水位数据,实现了模型糙率参数的实时动态校正,并在此基础上,对流量等模型状态变量进行间接校正。为了更好地显示同化测站的糙率校正过程,图4-39绘制了4个同化测站的糙率动态变化过程。

从图4-39可以看出,虽然没有糙率系数的实测值,但同化模块可以对各子河段的糙率初始值进行有效的校正,并在整个洪水过程中不断增大,在真实的洪水过程中,糙率系数和断面水位的关系十分复杂。但总体而言,糙率系数随着水位的上涨会呈非线性增大的趋势。这主要是由于对于荆江—洞庭湖河段来说,岸壁阻力要大于河床阻力。但糙率系数也不完全随着水位的上升而增大,因为糙率系数是由若干影响因子,如水流状态、河床形态、岸壁物质组成等共同作用的,在一定的情况下,糙率系数值也会随着水位的上升而出现下降的情况。

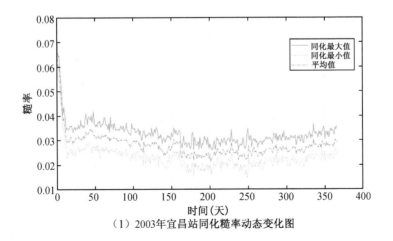

(1)2003年宜昌站同化糙率动态变化图

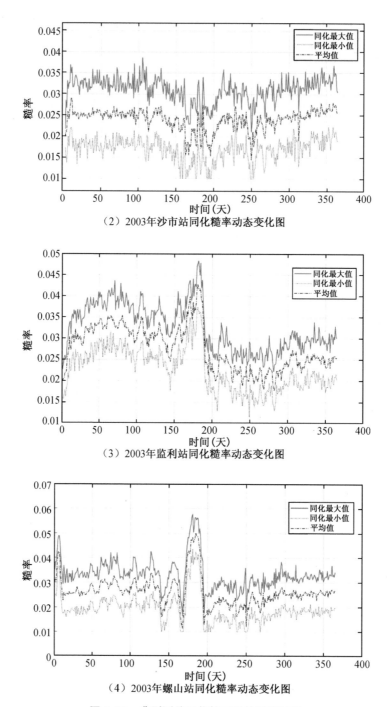

（2）2003年沙市站同化糙率动态变化图

（3）2003年监利站同化糙率动态变化图

（4）2003年螺山站同化糙率动态变化图

图 4-39　典型测站同化校正后的糙率过程

4.5.5.2 数据同化模型校正效果验证

数据同化模型以长江干流宜昌段、支流清江、支流汉江以及湘资沅澧四水流量作为进口边界,长江干流汉口水位作为出口边界。计算区域包含 46 个汊点、72 条河段、1 184 个断面,包括长江干流宜昌至汉口河段、洞庭湖三口河道、四水河道以及东、西、南湖区。其中模型验证关注长江干流主要测站宜昌、沙市、监利、螺山等站,三口洪道主要测站新江口、管家铺、沙道观、安乡、自治局等站,洞庭湖区则选取南咀、草尾、石龟山、城陵矶等作为代表测站。

数据同化数值模型采用 2003 年地形和边界条件,在前文所建立的一维河网基础上加入同化模块,并在以流量为基准的表 4-3 和表 4-4 糙率工况的基础上,利用似然函数计算实时更新粒子权重,实现实时更新重点测站所在河段的糙率,并对所有河段流量、河宽、断面面积等模型计算参数进行间接校正。

模型计算得出 2003 年 1 月 1 日至 2003 年 12 月 31 日逐日水位流量,并与当年实测数据进行比较、验证。其中水位实测数据为吴淞高程,采用水利部长江水利委员会发布的高程对应关系转换为 85 黄海高程。

(1)长江干流主要测站验证结果

长江干流主要测站有无同化模块的逐日水位、流量历时变化结果如图 4-40 所示,图中实线表示加入同化模块后的验证结果,"+"表示实测值,虚线则为无同化模块的模型计算值。

从图 4-40 可以看出,随着同化模块的加入,长江干流各测站的水位模拟值得到了显著改善,特别是在低水位时刻,同化模型迅速修正了模型计算误差,计算值与实测值吻合良好。同时,随着模型糙率的动态校正,流量计算值也得到了间接校正,取得了较好的模拟效果。

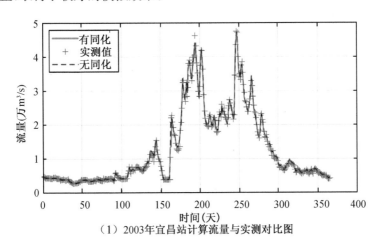

(1)2003年宜昌站计算流量与实测对比图

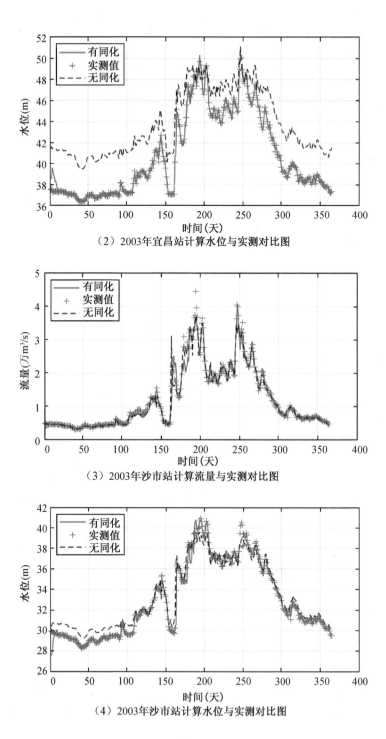

（2）2003年宜昌站计算水位与实测对比图

（3）2003年沙市站计算流量与实测对比图

（4）2003年沙市站计算水位与实测对比图

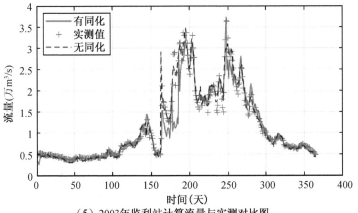

（5）2003年监利站计算流量与实测对比图

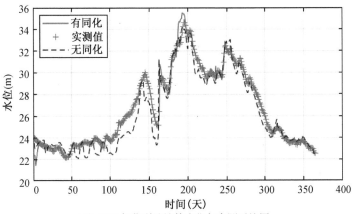

（6）2003年监利站计算水位与实测对比图

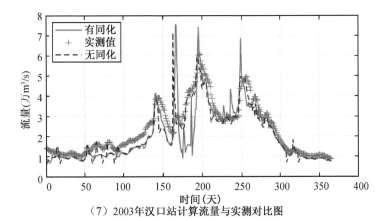

（7）2003年汉口站计算流量与实测对比图

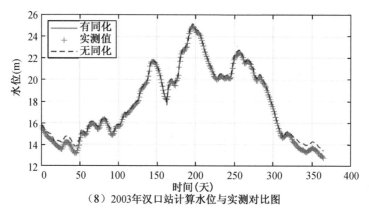

（8）2003年汉口站计算水位与实测对比图

图 4-40　荆江—洞庭湖河段长江干流主要测站水动力验证结果

（2）三口洪道主要测站验证结果

　　三口洪道主要测站有无同化模块的逐日水位、流量历时变化结果如图 4-41 所示，图中实线表示加入同化模块后的验证结果，"＋"表示实测值，虚线则为无同化模块的模型计算值。

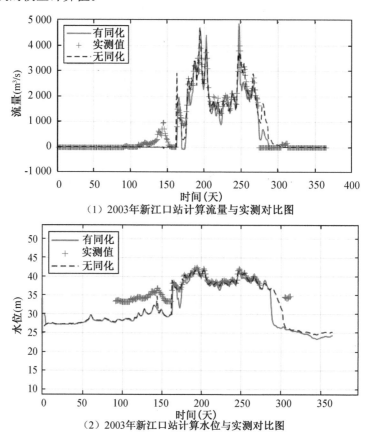

（1）2003年新江口站计算流量与实测对比图

（2）2003年新江口站计算水位与实测对比图

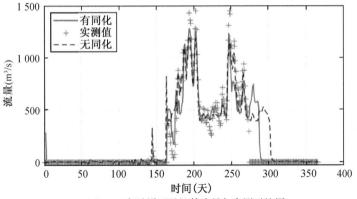

（3）2003年沙道观站计算流量与实测对比图

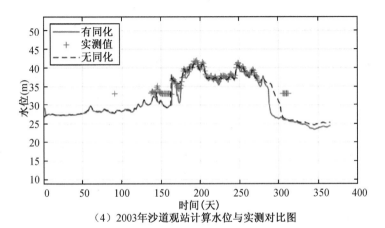

（4）2003年沙道观站计算水位与实测对比图

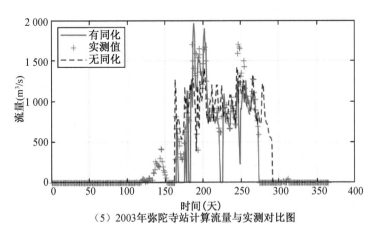

（5）2003年弥陀寺站计算流量与实测对比图

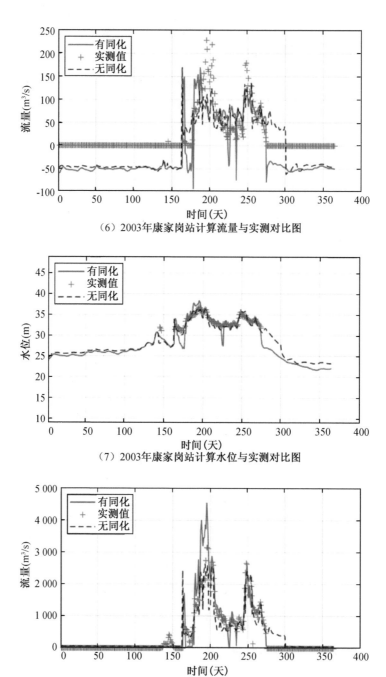

（6）2003年康家岗站计算流量与实测对比图

（7）2003年康家岗站计算水位与实测对比图

（8）2003年管家铺站计算流量与实测对比图

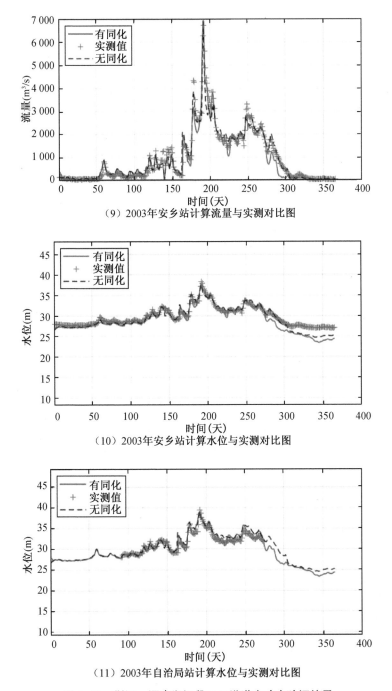

（9）2003年安乡站计算流量与实测对比图

（10）2003年安乡站计算水位与实测对比图

（11）2003年自治局站计算水位与实测对比图

图4-41　荆江—洞庭湖河段三口洪道水动力验证结果

从图4-41可以看出，随着同化模块的加入，三口洪道新江口站的水位、流量模拟结果有了显著改善，其余测站水动力验证结果较好，但改进不明显。其原因在于受实测资料限制,本次数据同化模型中仅选取了长江干流的主要测站进行似然函数计算和权重更新,其对三口洪道的改进效果有限。

总体来看,含同化模块的数值模型对汛期的水位流量峰值的模拟效果更好,其中水位模拟效果优于流量。同时同化模型也带来了计算值紊动剧烈的问题,有待进一步解决。总体来看,在 2003 年枯水期,有无同化模块的数值模型模拟结果差异较小,数值模型的模拟精度有待进一步提升。

(3)洞庭湖区水动力验证结果

洞庭湖区主要测站有无同化模块的逐日水位、流量历时变化结果如图 4-42 所示,图中实线表示加入同化模块后的验证结果,"+"表示实测值,虚线则为无同化模块的模型计算值。

从图 4-42 可以看出,加入同化模块后,洞庭湖区各测站的模拟精度均有不同幅度的提升,其中城陵矶、鹿角等测站的模拟精度提升最为显著。总体看来,加入同化模块后,洞庭湖区主要测站枯水期的水位、汛期的流量模拟结果均有所提升,同化模块运行效果较好。

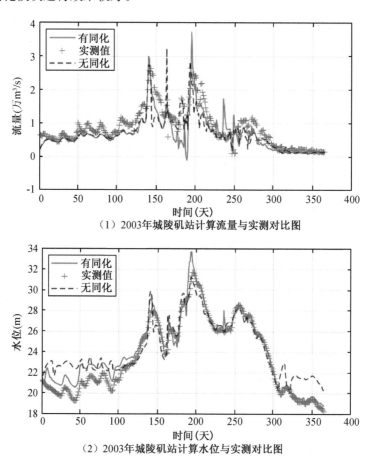

(1)2003年城陵矶站计算流量与实测对比图

(2)2003年城陵矶站计算水位与实测对比图

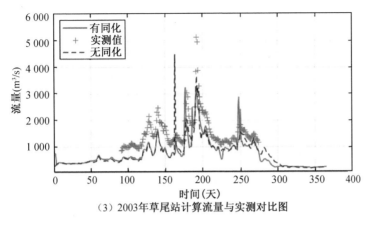

（3）2003年草尾站计算流量与实测对比图

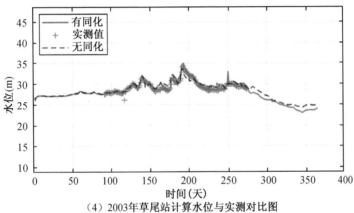

（4）2003年草尾站计算水位与实测对比图

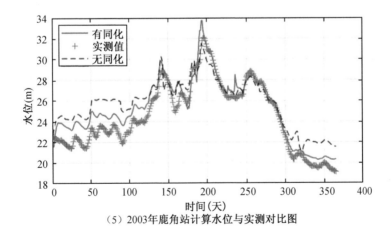

（5）2003年鹿角站计算水位与实测对比图

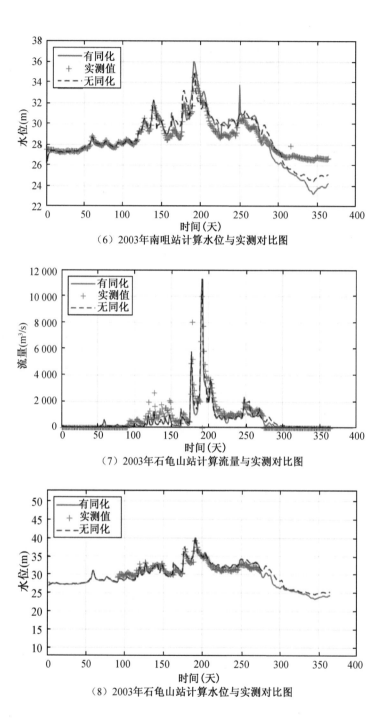

（6）2003年南咀站计算水位与实测对比图

（7）2003年石龟山站计算流量与实测对比图

（8）2003年石龟山站计算水位与实测对比图

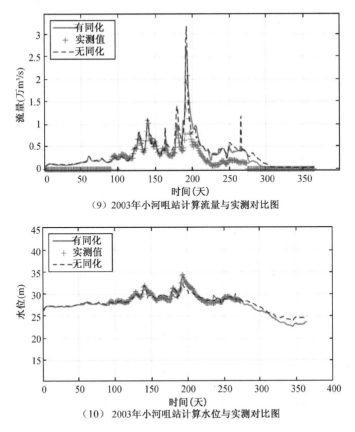

（9）2003年小河咀站计算流量与实测对比图

（10）2003年小河咀站计算水位与实测对比图

图4-42 荆江—洞庭湖河段洞庭湖区水动力验证结果

（4）典型测站冲淤变化

模型基于初始地形和边界条件，通过计算泥沙冲淤量预测未来地形。以宜昌、沙市、安乡三站为例，作2011年实测断面地形和计算断面地形的对比图，如图4-43所示。

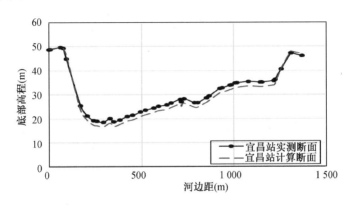

（1）宜昌站实测断面地形与计算断面地形对比

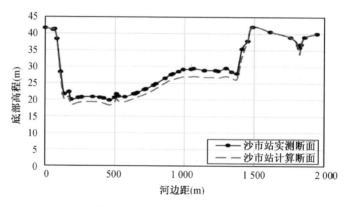

（2）沙市站实测断面地形与计算断面地形对比

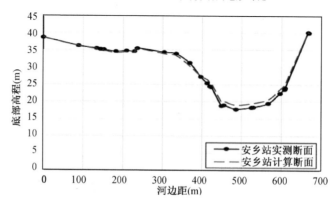

（3）安乡站实测断面地形与计算断面地形对比

图 4-43　实测地形与计算地形对比验证结果

　　由图 4-43 可以看出，模型计算地形与实测地形差距较小，图线趋势吻合良好。可知基于数据同化方法的洞庭湖水沙数值模型具有较高的精度，达到了使用要求。

4.5.5.3　同化效果评价

　　为了更好地评价同化效果，本研究对 2003 年计算结果进行统计平均，列出了无同化模块和有同化模块方案下的计算水位的纳什效率系数 NSE 和均方根误差 RMSE 的对比情况，具体结果如表 4-10 所示。

　　从表 4-10 中可以看出，在长江干流典型测站同化断面，校正后的荆江—洞庭湖河网的计算水位无论是在纳什效率系数 NSE 指标还是均方根误差 RMSE 上都有显著改善，纳什效率系数 NSE 接近 1，均方根误差 RMSE 显著减小，模型可靠度显著提升。在三口洪道及洞庭湖区，因其距离同化测站较远，计算水位提升幅度不大，部分测站甚至出现了小幅下降，但大部分测站的计算水位总体上都有所改善，其中城陵矶站的水位计算精度提升显著。

表 4-10 2003 年有无同化模块的计算水位 NSE 和 RMSE 对比

长江干流水位计算结果对比

站点	纳什效率系数 NSE		均方根误差 RMSE	
	无同化	有同化	无同化	无同化
宜昌站	0.626 3	0.992 7	2.403 7	0.335 7
沙市站	0.909 2	0.983 9	1.101 0	0.464 0
监利站	0.876 1	0.986 0	1.222 1	0.410 6
螺山站	0.829 3	0.987 2	1.472 4	0.403 1
汉口站	0.626 3	0.992 7	2.403 7	0.335 7

三口洪道水位计算结果对比

站点	纳什效率系数 NSE		均方根误差 RMSE	
	无同化	有同化	无同化	有同化
沙道观站	0.488 4	0.637 5	10.910 3	10.895 4
新江口站	−0.288 2	−0.209 2	2.247 9	2.177 8
康家岗站	−0.105 9	−0.106 9	12.807 8	12.813 7
管家铺站	−0.264 5	−0.261 8	782.722 2	781.895 2
沙道观站	0.488 4	0.637 5	10.910 3	10.895 4

洞庭湖区计算结果对比

站点	纳什效率系数 NSE		均方根误差 RMSE	
	无同化	有同化	无同化	有同化
小河咀站	0.597 5	0.849 8	0.600 4	0.366 8
草尾站	0.740 9	0.770 7	0.496 6	0.467 1
南咀站	0.689 9	0.489 3	0.888 0	1.139 4
鹿角站	0.790 5	0.883 8	1.466 2	1.091 9
城陵矶站	0.790 3	0.944 7	1.614 1	0.828 8

注：表中 NSE 系数为无量纲项，均方根误差 RMSE 的单位为 m^3/s。

第五章

水沙预测及河湖演变趋势分析

水沙还原计算即对 2003—2018 年以后有三峡水库调蓄的水沙进行无水库调蓄过程还原。水沙还现计算即对 1981—2002 年时段内无水库调节的水沙加入水库调节进行过程还现。利用还原、还现水沙对荆江三口河道、洞庭湖湖区进行冲淤演变分析。

5.1 还原还现水沙特征分析

5.1.1 还原水沙特征分析

5.1.1.1 还原计算原理

1. 径流过程还原计算

洪水过程还原计算是分析洪水特性、量化洪水大小的基础,是一类将受人类活动影响的洪水资料还原为天然状况下洪水过程的水文计算工作。本章的还原是指水库群不拦蓄的情况,根据分析对象所属控制节点和断面类型的不同,结合长江流域洪水特性,通常可以采用马斯京根分段演算法、水动力学模型演算法、大湖模型演算法及时变多因子相关图模型等。

(1)马斯京根分段演算法

马斯京根分段演算法是将演算河段划分为 N 个单元,并基于马斯京根原理,针对各个单元采用马斯京根槽蓄方程和水量平衡原理进行出流推求的过程。分段演算可以有效缩短单次计算河段,增强蓄泄关系代表性,在一定程度上提高节点间洪水演进模拟精度。

(2)水动力学模型演算法

水动力学模型演算法是在已知边界条件的基础上,采用不同方法对河道进行离散建模,并基于圣维南原理进行河道演算的过程。水动力学模型一般分为一维、二维模型,其中一维模型具有计算效率高、数据需求低等优点,被广泛应用于河网、河道的洪水演进计算。

（3）大湖模型演算法

大湖模型演算法是广泛应用于长江中下游地区洪水演算的一类模型。其基本原理是根据长江流域河道特性，将宜昌至螺山河段及洞庭湖区、汉口至大通河段及鄱阳湖区概化为两个大湖，分别以螺山、湖口、大通站为大湖出口站，利用水量平衡方程，并配合江湖容蓄曲线及水位流量关系，建立大湖演算模型，推算螺山、大通站水位和流量过程。

（4）时变多因子相关图模型

时变多因子相关图模型是基于随时间变化的多个因子，找出主影响因子建立非线性单相关曲线，对次要因子考虑其影响程度大小，对单相关曲线进行拟合优化，并基于实时资料，实现相关图模型的动态优化求解。本研究中相关图模型法即基于实测数据，以水位、流量为主因子建立单相关时序曲线，综合考虑上游来水、下游顶托、落差及本站断面冲淤变化对曲线进行修正优化。

（5）区间洪水降雨径流模型

区间洪水是下游控制站来水的重要组成部分。因其不可监测，通常按上下站的洪水传播时间、错时分割流量过程进行计算，但分割的区间流量过程一般存在雨洪过程不对应、流量跳动较大等问题。本研究采用新安江模型、NAM、API等降雨径流模型，以实测降雨作为输入，计算区间流量过程，并通过区间分割流量过程的总水量，对模型计算结果进行校正。

单一模型的还原计算成果一般存在一定的不确定性，在实际应用中，需要通过多模型同步计算，以多模型演算成果为基础，充分考虑洪水来水组成和实际特性，结合专家经验形成相对可靠的洪水还原分析成果。

2. 泥沙过程还原计算

（1）2003—2018 年泥沙总输移量计算

① 收集长系列输沙资料，分析平均输沙量、输沙模数、含沙量及年内变化。

② 收集区间的水库运行方式，衡量拦沙、排沙能力。

③ 依据水文站点流域面积剔除不同年份建立的水库面积，推求实际产沙面积；然后用逐年实际产沙面积与水文站流域面积之比除以实测的输沙量及输沙模数，还原计算逐年输沙量和输沙模数。

④ 合理性分析。分区查输沙模数等值线，与还原推算结果进行比较。

（2）泥沙还原计算

采用 2003—2018 年还原前后的泥沙输移总量进行还原计算，即：

$$\frac{W_{实}}{W_{还}} = \frac{Cs_{实i}}{Cs_{还i}} \tag{5-1}$$

式中,$W_{实}$、$W_{还}$ 为年实际、还原输沙量;$C_{S实i}$、$C_{S还i}$ 为第 i 天实测、还原含沙量。

5.1.1.2 还原水沙特征分析

(1) 径流

图 5-1 给出了 2003—2018 年原始径流与还原径流流量变化情况。还原径流 1 为考虑了长江上游水库群的拦蓄作用后的宜昌站的径流过程,还原径流 2 为仅考虑三峡水库的拦蓄作用后的宜昌站的径流过程。从图中可以看出水库建设运用主要起到"削减洪峰,增大枯水流量"作用,且 2008 年以后更加凸显。

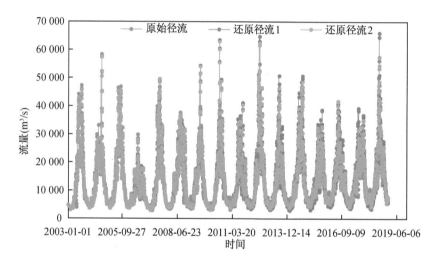

图 5-1 2003—2018 年原始径流与还原径流流量变化情况

如表 5-1 所示,长江上游主要梯级的联合运用削减了 7、8、9 月份的洪峰流量,平均削峰率为 22%;三峡水库的运用也主要削减 7、8、9 月份的洪峰流量,平均削峰率为 17%。可以看出,长江上游三峡水库的运用对削减洪峰流量起到至关重要的作用。从时间序列来看,2003—2008 年三峡水库围堰蓄水和初期蓄水期并未削减洪峰流量,相反由于围堰及大坝的雍高,下泄洪峰流量增大。2008 年以后随着正常蓄水位 175 m 运用,削减洪峰的能力逐步提升。

如表 5-2 所示,长江上游主要梯级的联合运用增大了 1、2 月份的枯水流量,平均增大率为 57%;三峡水库的运用也主要增大 1、2 月份的枯水流量,平均增大率为 43%。从时间序列来看,2003、2004 年并未增大枯水流量,可能是因为围堰建设主要在枯水期进行。

表 5-1 2003—2018 年原始径流与还原径流洪峰流量变化情况

年份	日期	洪峰（m³/s）	洪峰 1（m³/s）	削峰率（%）	日期	洪峰（m³/s）	洪峰 2（m³/s）	削峰率（%）
2003	9 月 4 日	47 300	45 700	−4	9 月 4 日	47 300	45 700	−4
2004	9 月 9 日	58 400	57 677	−1	9 月 9 日	58 400	57 677	−1
2005	8 月 31 日	46 900	45 448	−3	8 月 31 日	46 900	45 448	−3
2006	7 月 10 日	29 900	28 539	−5	7 月 10 日	29 900	28 250	−6
2007	7 月 31 日	46 900	49 257	5	7 月 31 日	46 900	49 612	5
2008	8 月 17 日	37 700	36 436	−3	8 月 17 日	37 700	36 898	−2
2009	8 月 7 日	39 000	54 456	28	8 月 7 日	39 000	5 4182	28
2010	7 月 21 日	40 400	63 561	36	7 月 21 日	40 400	63 029	36
2011	9 月 22 日	20 400	41 191	50	9 月 22 日	20 400	40 442	50
2012	7 月 26 日	44 700	64 799	31	7 月 26 日	44 700	62 503	28
2013	7 月 22 日	34 300	50 766	32	7 月 22 日	34 300	46 379	26
2014	9 月 20 日	46 900	50 713	8	9 月 20 日	46 900	48 608	4
2015	9 月 14 日	23 600	38 702	39	9 月 13 日	23 700	33 021	28
2016	7 月 2 日	31 700	40 861	22	7 月 2 日	31 700	41 688	24
2017	7 月 9 日	27 700	39 289	29	7 月 15 日	25 700	35 136	27
2018	7 月 15 日	27 700	66 050	58	7 月 15 日	43 100	57 394	25
2003—2018 平均	—	37 719	48 340	22	—	38 563	46 623	17
2009—2018 平均	—	33 640	51 039	34	—	34 990	48 238	27

表 5-2 2003—2018 年原始径流与还原径流枯水流量变化情况

年份	日期	枯水（m³/s）	枯水 1（m³/s）	增大率（%）	日期	枯水（m³/s）	枯水 2（m³/s）	增大率（%）
2003	2 月 10 日	2 950	2 990	−1	2 月 10 日	3 000	2 990	0
2004	1 月 31 日	3 670	3 693	−1	1 月 31 日	3 670	3 693	−1
2005	2 月 13 日	3 730	3 698	1	2 月 13 日	4 090	3 698	11
2006	2 月 2 日	3 890	3 748	4	2 月 2 日	4 140	3 748	10
2007	2 月 26 日	4 090	2 676	53	2 月 26 日	4 630	2 868	61

年份	日期	枯水 (m³/s)	枯水 1 (m³/s)	增大率 (%)	日期	枯水 (m³/s)	枯水 2 (m³/s)	增大率 (%)
2008	2 月 16 日	4 420	3 458	28	2 月 5 日	4 540	3 693	23
2009	2 月 25 日	5 030	3 553	42	3 月 26 日	5 340	3 917	36
2010	2 月 9 日	5 440	3 001	81	2 月 9 日	5 440	3 168	72
2011	2 月 9 日	5 840	3 217	82	2 月 8 日	5 930	3 489	70
2012	2 月 18 日	6 380	3 265	95	2 月 17 日	6 440	4 050	59
2013	2 月 5 日	5 930	3 011	97	2 月 17 日	6 070	3 574	70
2014	2 月 3 日	6 260	2 780	125	2 月 3 日	6 260	3 869	62
2015	2 月 18 日	6 510	3 184	104	2 月 18 日	6 510	4 255	53
2016	2 月 10 日	6 510	4 151	57	2 月 11 日	6 270	4 989	26
2017	2 月 2 日	6 510	3 589	81	1 月 19 日	6 400	4 289	49
2018	2 月 18 日	6 510	3 308	97	2 月 25 日	7 480	4 131	81
2003—2018 平均	—	5 229	3 333	57	—	5 388	3 776	43
2009—2018 平均	—	6 092	3 306	84	—	6 214	3 973	56

同时,从图 5-2 可以看出,水库修建对于年径流量基本无影响,只调节年内的径流分布过程。分析表 5-3 发现,三峡、长江上游主要梯级的联合运用均使得年径流量平均增大 1%。

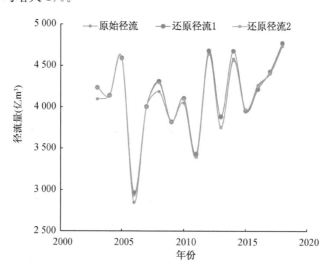

图 5-2　2003—2018 年原始径流与还原径流年径流量变化情况

表 5-3 2003—2018 年原始径流与还原径流年径流量变化情况

年份	原始径流量(亿 m³)	还原径流量 1(亿 m³)	还原径流量 2(亿 m³)	变化量 1(亿 m³)	变化率 1(%)	变化量 2(亿 m³)	变化率 2(%)
2003	4 097	4 234	4 234	137	3	137	3
2004	4 141	4 141	4 141	0	0	0	0
2005	4 592	4 593	4 593	1	0	1	0
2006	2 848	2 964	2 935	116	4	87	3
2007	4 004	4 005	4 006	1	0	2	0
2008	4 186	4 311	4 293	125	3	107	3
2009	3 822	3 822	3 824	0	0	2	0
2010	4 048	4 105	4 099	57	1	51	1
2011	3 393	3 433	3 394	40	1	1	0
2012	4 649	4 682	4 639	33	1	−10	0
2013	3 756	3 884	3 752	128	3	−4	0
2014	4 584	4 679	4 567	95	2	−17	0
2015	3 946	3 957	3 969	11	0	23	1
2016	4 264	4 216	4 247	−48	−1	−17	0
2017	4 403	4 430	4 418	27	1	15	0
2018	4 738	4 774	4 746	36	1	8	0
2003—2018 平均	4 092	4 139	4 116	47	1	24	1
2009—2018 平均	4 160	4 198	4 165	38	1	5	0

(2)泥沙

图 5-3 给出了 2003—2018 年原始含沙量与还原含沙量变化情况。还原含沙量 1 为考虑了长江上游水库群的拦蓄作用后的宜昌站的泥沙过程,还原含沙量 2 为仅考虑三峡水库的拦蓄作用后的宜昌站的泥沙过程。从图中可以看出水库建设运用很显著地拦截了泥沙的下移,降低了下游宜昌站的含沙量。

从图 5-4 看出水库建设使得 2003—2018 年输沙量大幅减少,且随着时间推移年输沙量呈减小趋势。统计发现,2003—2018 年梯级水库的运用使得多年平均输沙量从 15 380 万 t 减少到 3 584 万 t,降幅达到 77%(表 5-4)。

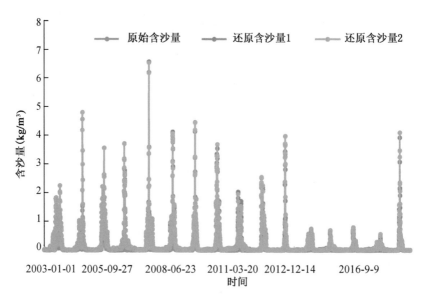

图 5-3   2003—2018 年原始含沙量与还原含沙量变化情况

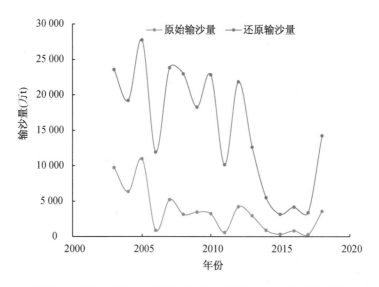

图 5-4   2003—2018 年原始输沙量与还原输沙量年际变化情况

表 5-4   2003—2018 年原始输沙量与还原输沙量年际变化情况

年份	原始输沙量(万 t)	还原输沙量(万 t)	变化量(万 t)	变化率(%)
2003	9 760	23 600	13 840	59
2004	6 402	19 230	12 828	67
2005	11 010	27 773	16 763	60

续表

年份	原始输沙量(万 t)	还原输沙量(万 t)	变化量(万 t)	变化率(%)
2006	908	11 980	11 072	92
2007	5 265	23 870	18 605	78
2008	3 196	23 016	19 820	86
2009	3 513	18 304	14 791	81
2010	3 278	22 880	19 602	86
2011	623	10 163	9 540	94
2012	4 270	21 898	17 628	81
2013	2 997	12 684	9 687	76
2014	940	5 544	4 604	83
2015	372	3 202	2 830	88
2016	847	4 215	3 368	80
2017	332	3 438	3 106	90
2018	3 625	14 289	10 664	75
2003—2018 平均	3 584	15 380	11 796	77
2009—2018 平均	2 080	11 662	9 582	82

5.1.2 还现水沙特征分析

5.1.2.1 还现计算原理

(1) 径流过程还现计算

① 首先统计现状年上游库群各时段水量。由于上游库群对下游径流造成的影响主要表现在分配方式上相对天然状态的改变,因此,可根据现状年上游水库实际运行过程,逐年统计梯级运用下的各时段可用水量。

② 分析上游水库群蓄泄规律。由于梯级水库相邻时段的可用水量差值可反映水库的本时段蓄泄量,因此,可分别计算两梯级逐旬可用水量差值以得出其蓄泄过程。

③ 天然径流的还现。将统计出的上游两梯级蓄泄规律作为溪洛渡—向家坝梯级的径流还现依据,以该径流蓄泄方式对天然径流进行调节计算,进而采用马斯京根方法向下游演进,并与天然状态下的区间径流进行错时段叠加,最后演进至宜昌站。

（2）泥沙过程还现计算

根据 2003—2018 年还原前后的泥沙总量比，推求其平均值，基于 1981—2002 年实测含沙量过程进行同倍比缩小，获取还现的含沙量系列。

5.1.2.2 还现水沙特征分析

（1）径流

从图 5-5、图 5-6 和表 5-5 可以看出，1981—2002 年原始径流受长江上游水库群的拦蓄作用后，峰值降低、低值增加，但年径流量几乎没有发生变化。

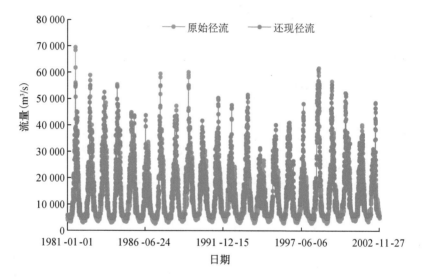

图 5-5　1981—2002 年原始径流与还现径流流量变化情况

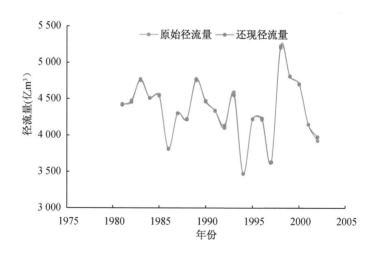

图 5-6　1981—2002 年原始径流与还现径流年径流量变化情况

表 5-5　1981—2002 年原始径流与还现径流流量变化情况

年份	日期	枯水 （m³/s）	枯水还现 （m³/s）	增大率 （%）	年份	日期	洪峰 （m³/s）	洪峰还现 （m³/s）	削峰率 （%）
1981	3 月 14 日	3 510	5 000	42	1981	7 月 19 日	69 500	54 615	21
1982	2 月 4 日	3 230	5 500	70	1982	7 月 31 日	59 000	54 930	7
1983	2 月 25 日	3 650	6 000	64	1983	8 月 4 日	52 600	52 600	0
1984	2 月 15 日	3 220	5 000	55	1984	7 月 10 日	55 500	55 035	1
1985	3 月 1 日	3 530	5 000	42	1985	7 月 5 日	44 900	44 900	0
1986	1 月 29 日	3 540	6 000	69	1986	7 月 7 日	43 800	43 800	0
1987	3 月 15 日	2 830	5 000	77	1987	7 月 24 日	59 600	54 912	8
1988	2 月 21 日	3 270	5 000	53	1988	9 月 6 日	47 400	25 000	47
1989	2 月 13 日	3 600	5 500	53	1989	7 月 14 日	60 200	54 894	9
1990	1 月 30 日	4 180	6 000	44	1990	7 月 4 日	41 800	41 800	0
1991	3 月 20 日	3 500	5 360	53	1991	8 月 15 日	50 400	50 400	0
1992	2 月 12 日	3 750	6 000	60	1992	7 月 19 日	47 700	47 700	0
1993	2 月 14 日	3 160	5 000	58	1993	8 月 31 日	51 600	51 600	0
1994	2 月 15 日	3 120	6 000	92	1994	7 月 14 日	31 500	31 500	0
1995	2 月 15 日	3 570	6 500	82	1995	8 月 16 日	40 200	40 200	0
1996	3 月 10 日	3 030	5 000	65	1996	7 月 25 日	41 100	41 100	0
1997	2 月 14 日	3 240	5 000	54	1997	7 月 20 日	48 200	48 200	0
1998	2 月 13 日	2 970	5 000	68	1998	8 月 16 日	61 700	53 000	14
1999	3 月 13 日	3 000	5 000	67	1999	7 月 20 日	56 700	55 500	2
2000	2 月 14 日	3 870	6 000	55	2000	7 月 3 日	52 300	52 300	0
2001	3 月 14 日	3 990	6 141	54	2001	9 月 8 日	40 200	25 000	38
2002	2 月 19 日	3 660	6 000	64	2002	8 月 18 日	48 600	48 600	0

（2）泥沙

从图 5-7、图 5-8 和表 5-6 可看出,1981—2002 年原始含沙量考虑了长江上游水库群的拦蓄作用后的宜昌站的泥沙过程含沙量明显降低,且年输沙量也显著降低,并维持在 11 797 万 t。

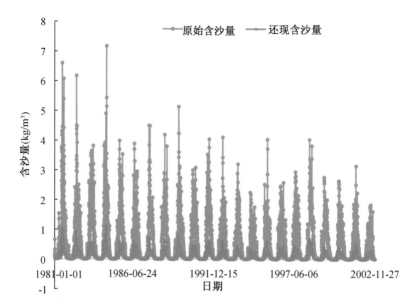

图 5-7 1981—2002 年原始含沙量与还现含沙量变化情况

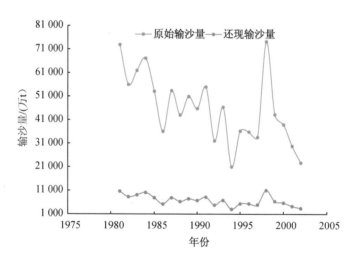

图 5-8 1981—2002 年原始输沙量与还现输沙量年际变化情况

表 5-6 1981—2002 年原始输沙量与还现输沙量年际变化情况

年份	原始输沙量（万 t）	还现输沙量（万 t）	变化量（万 t）	变化率（%）
1981	72 979.06	10 677.98	62 301.08	85.37
1982	56 056.86	8 344.77	47 712.09	85.11
1983	62 064.71	9 132.01	52 932.7	85.29
1984	67 214.12	10 167.89	57 046.23	84.87

年份	原始输沙量(万 t)	还现输沙量(万 t)	变化量(万 t)	变化率(%)
1985	53 111.65	7 941.86	45 169.79	85.05
1986	36 144.95	5 244.71	30 900.25	85.49
1987	53 387.77	7 904.29	45 483.48	85.19
1988	43 114.76	6 294.69	36 820.07	85.40
1989	50 926.48	7 489.05	43 437.43	85.29
1990	45 789.75	6 802.31	38 987.44	85.14
1991	54 981.85	8 219.99	46 761.86	85.05
1992	32 172.13	4 843.52	27 328.62	84.94
1993	46 433.58	6 812.77	39 620.81	85.33
1994	21 042.61	3 062.80	17 979.81	85.44
1995	36 303.93	5 415.78	30 888.15	85.08
1996	35 919.23	5 419.36	30 499.87	84.91
1997	33 660.84	4 980.24	28 680.60	85.20
1998	74 291.31	11 090.15	63 201.16	85.07
1999	43 272.99	6 417.51	36 855.48	85.17
2000	39 012.90	5 785.64	33 227.26	85.17
2001	29 890.10	4 334.97	25 555.13	85.50
2002	22 763.79	3461.49	19 302.30	84.79
平均	45 933.43	6 811.08	39 122.35	85.18

5.2 水沙变化与洞庭湖冲淤模拟

为了能更好地验证模型精度,预测江湖干流冲淤程度,本节分别以 2003 年 10 月 1 日—2008 年 10 月 1 日五年水文系列和 2003 年 1 月 1 日—2012 年 12 月 31 日十年水文系列来进行循环预测。

5.2.1 2003—2008 水文系列预测 30 年

本部分冲淤模拟计算范围包括长江干流宜昌至大通段、荆江三口河道、四水河系尾闾部分,以及包括东洞庭湖、西洞庭湖、目平湖等在内的洞庭湖区。本研究重点关注长江干流宜昌—城陵矶河段、荆江三口河道、洞庭湖区及澧水洪道泥沙冲淤演变预测。

以 1996 年 10 月 1 日—2008 年 10 月 1 日长江及四水实测水沙数据作为边

界条件,冲淤计算至 2008 年后,以 2003 年 10 月 1 日—2008 年 10 月 1 日五年水文系列循环预测未来 30 年长江干流、三口河道及洞庭湖区泥沙冲淤变化。

(1)长江干流河段冲淤预测

至 2038 年,长江干流宜枝河段(宜昌—枝城)、上荆江(枝城—藕池口)、下荆江(藕池口—城陵矶)累计冲淤量分别为-14 928.6 万 m³、-61 375.6 万 m³、-16 205 万 m³,宜昌至城陵矶河段整体累计冲淤量为-92 509.2 万 m³,皆为冲刷,其中上荆江河段冲刷最为剧烈,详见图 5-9。

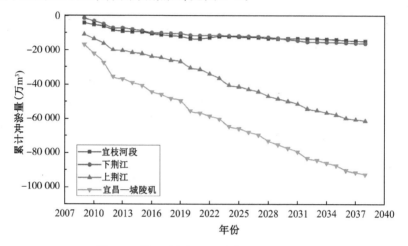

图 5-9　模拟时段长江干流各河段冲淤变化

自 2003 年三峡水库运行以来,长江干流自宜昌以下开始冲刷。宜枝河段在三峡水库开始运行后 20 年冲刷较为剧烈,至 2020 年,河段冲刷量达 13 456.8 万 m³,随后冲刷减缓,冲淤趋于平衡,详见图 5-10。

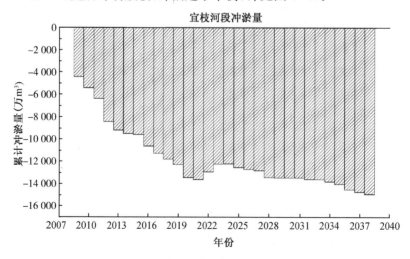

图 5-10　模拟时段宜枝河段冲淤变化

上荆江整体冲刷剧烈,且在 2009—2038 年间冲刷速率基本不变,至 2020 年,河段累计冲刷 30 503.6 万 m³;至 2030 年,河段累计冲刷 49 937.1 万 m³。至模型预测 30 年后,即 2038 年,上荆江泥沙冲刷达 61 375.6 万 m³,仍未出现减缓的迹象,预计将继续冲刷,详见图 5-11。

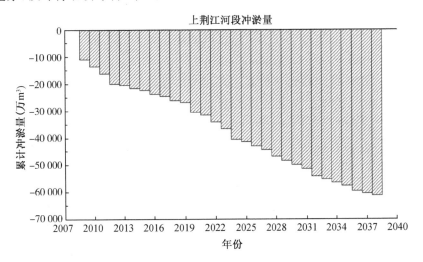

图 5-11　模拟时段上荆江河段冲淤变化

下荆江在三峡水库开始运行后 20 年冲刷较为剧烈,至 2020 年,河段冲刷量为 11 492.9 万 m³;2020 年以后河道冲刷有所减缓,至 2030 年,河段冲刷量为 13 890.2 万 m³。2032 年往后,下荆江河段冲刷趋势再次减缓,泥沙冲淤逐渐趋于平衡,详见图 5-12。

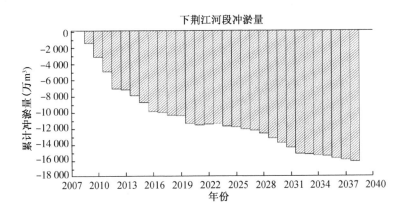

图 5-12　模拟时段下荆江河段冲淤变化

从宜昌—城陵矶河段整体来看,2008 年以来,长江中游开始剧烈冲刷,并呈现持续冲刷的趋势。但随着冲刷持续进行,河道中泥沙粒径增大,河床粗化,部分河段泥沙冲刷开始减缓,最终其泥沙冲淤应当趋于平衡。

(2) 三口河道冲淤预测

三口河道主要分为松滋河、虎渡河、藕池河三个部分。

松滋河口门段在模拟时段持续冲刷。至 2020 年,河段累计冲刷量为 830.57 万 m³;至 2030 年,河段累计冲刷量为 2 098.2 m³;至 2038 年,河段累计冲刷量为 2 663.71 万 m³。松滋河口门段冲刷在 2025 年—2032 年趋缓,2032 年后再次开始冲刷。

松滋三河中,松滋西支与松滋东支冲淤趋势相似。两河段在模拟时段持续冲刷,至 2038 年,松滋西支与松滋东支累计冲刷量分别为 2 129.75 万 m³、2 028.09 万 m³,两河段冲刷强度皆在 2025 年后趋于平缓,逐渐平衡。松滋中支在 2021 年以前泥沙整体表现出淤积,至 2021 年淤积量为 182.66 万 m³。2021 年后河道开始冲刷,2025 年后冲刷趋缓,冲淤接近平衡,至 2038 年河道累计冲刷 401.4 万 m³。模拟时段松滋河各河道冲淤变化详见图 5-13。

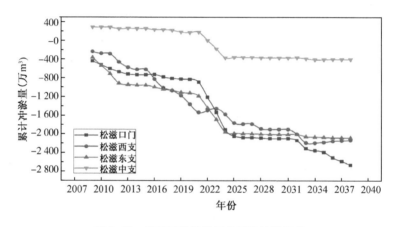

图 5-13 模拟时段松滋河各河道冲淤变化

虎渡河在 2033 年以前持续冲刷,至 2020 年,累计冲刷量为 154.62 万 m³;至 2030 年,累计冲刷量为 404.05 万 m³。至 2033 年,虎渡河道累计冲刷量为 525.42 万 m³;随后河道冲刷减缓并出现少量淤积。至 2038 年,累计冲刷量为 520.08 万 m³,较 2033 年有所减少,详见图 5-14。

藕池河泥沙冲淤相对松滋河而言整体较为轻微。藕池口门段在 2019 年以前缓慢淤积,至 2019 年,累计淤积量为 128.19 万 m³;随后冲刷至 2032 年,累计冲刷量为 407.44 万 m³;2032 年以后再度淤积,至 2038 年累计冲刷量减少至 258.36 万 m³。

受口门段影响,藕池河水系有冲有淤。藕池西支出现轻微冲刷,至 2038 年,河段累计冲刷量为 9.62 万 m³;藕池东支先出现轻微淤积,至 2016 年累计淤积量达到最大值,为 23.37 万 m³,随后由淤转冲并持续冲刷,至 2034 年累计冲刷量为

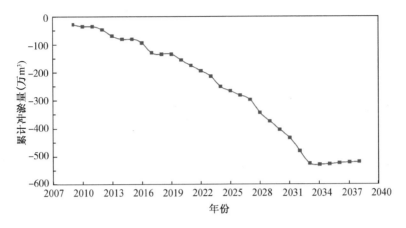

图 5-14　模拟时段虎渡河冲淤变化

238.77 万 m³，2037 年以后冲刷再次加剧，至 2038 年累计冲刷量达 595.77 万 m³。藕池中支持续淤积，至 2033 年，累计淤积量为 408.93 万 m³，2033 年以后其泥沙冲淤趋于平衡。模拟时段藕池河各河道冲淤变化详见图 5-15。

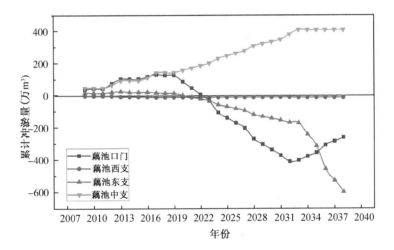

图 5-15　模拟时段藕池河各河道冲淤变化

（3）洞庭湖区冲淤预测

洞庭湖区主要分为七里湖、目平湖、东洞庭湖和南洞庭湖。

七里湖区先出现冲刷，至 2009 年，累计冲刷量达 314.02 万 m³，但 2009 年后该湖区将由冲转淤并将持续淤积。至 2032 年，累计冲刷量减少至 98.6 万 m³；2032 年后七里湖区泥沙冲淤趋于平缓，至 2038 年，泥沙累计冲刷量减少至 82.11 万 m³。

目平湖区在模拟时段持续淤积且未出现减缓的迹象。至 2020 年，累计淤积量为 1 499.88 万 m³；至 2030 年，累计淤积量为 2 598.12 万 m³；至 2038 年，累计淤积量达 3 662.07 万 m³。

东洞庭湖区持续冲刷且冲刷量较大。至 2020 年,湖区累计冲刷量为 13 984.2 万 m³;2020 年后冲刷加剧,至 2030 年,累计冲刷量达 35 568.1 万 m³;2033 年后,东洞庭湖区冲刷趋于平衡,至 2038 年,累计冲刷量为 39 623.2 万 m³。

南洞庭湖区在模拟时段先表现出淤积,至 2015 年,累计淤积量达 3 488.75 万 m³;2015 年后湖区开始冲刷,持续冲刷至 2028 年,累计冲刷量达 6 955.64 万 m³;2028 年后,南洞庭湖区再次开始淤积,至 2038 年,累计冲刷量减少至 2 931.8 万 m³。模拟时段洞庭湖区冲淤变化详见图 5-16。

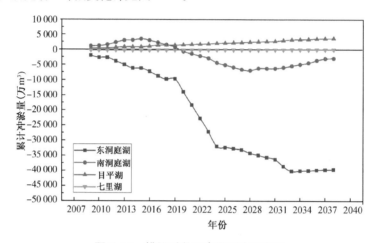

图 5-16　模拟时段洞庭湖区冲淤变化

(4) 澧水洪道冲淤预测

在模拟时段,澧水洪道先淤积后冲刷。2017 年以前,洪道持续淤积,至 2017 年累计淤积量为 152.29 万 m³;2017 年后澧水洪道持续冲刷且冲刷并无减缓的迹象,至 2038 年,澧水洪道累计冲刷达 1 407.71 万 m³,详见图 5-17。

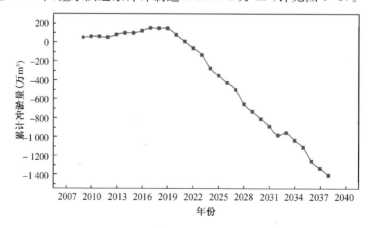

图 5-17　模拟时段澧水洪道冲淤变化

5.2.2 2003—2012 水文系列预测 30 年

本部分冲淤预测重点关注长江干流宜昌—汉口河段、洞庭湖区、荆江三口河道及澧水洪道的泥沙冲淤演变。

以 2003 年 1 月 1 日—2012 年 12 月 31 日长江及四水实测水沙数据作为边界条件，冲淤计算至 2013 年后，以 2003 年 1 月 1 日—2012 年 12 月 31 日十年水文系列循环预测未来 30 年长江干流、三口河道及洞庭湖区泥沙冲淤变化。

（1）长江干流河段冲淤预测

模型预测期间，长江干流宜昌—汉口河段普遍冲刷，详见表 5-7。

表 5-7 模拟时段长江干流各河段累计冲淤量 　　　　　　单位：亿 t

水系	河段	2022 年	2032 年	2042 年
长江干流	宜枝河段	−1.07	−1.17	−1.24
	荆江	−3.05	−4.45	−5.46
	城汉河段	−0.87	−1.31	−1.62
	宜昌—汉口	−4.99	−6.93	−8.32

模拟时段各河段冲淤变化详见图 5-18。

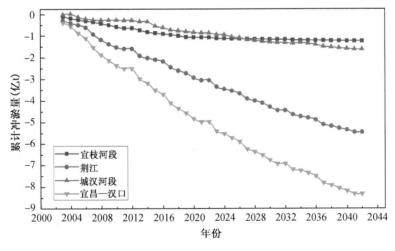

图 5-18 模拟时段长江干流各河段冲淤变化

宜枝河段在模拟时段前期冲刷较快。至 2022 年，河段累计冲刷 1.07 亿 t；2022 年后，河段冲刷减缓；至 2032 年，河段累计冲刷 1.17 亿 t；至模型预测 30 年后，即 2042 年，宜枝河段累计冲刷 1.24 亿 t。

荆江河段在模拟时段持续剧烈冲刷。至 2022 年，河段累计冲刷 3.05 亿 t；

至 2032 年,河段累计冲刷 4.45 亿 t;至模型预测 30 年后,即 2042 年,荆江河段累计冲刷 5.46 亿 t,且河段冲刷仍未有减缓的迹象。

城汉河段在模拟时段持续冲刷。至 2022 年,河段累计冲刷 0.87 亿 t;至 2032 年,累计冲刷 1.31 亿 t;至模型预测 30 年后,即 2042 年,城汉河段累计冲刷 1.62 亿 t。

整体来看,三峡工程运行后,长江干流宜昌—汉口河段剧烈冲刷,并呈现出持续冲刷的趋势。但随着冲刷持续进行,河道中泥沙粒径增大,河床粗化,部分河段泥沙冲刷开始减缓,最终其泥沙冲淤应当趋于平衡。

(2) 三口河道及澧水洪道冲淤预测

模拟时段三口河道及澧水洪道累计冲淤量结果如表 5-8 所示。

表 5-8　模拟时段三口河道及澧水洪道累计冲淤量　　　　　　　单位:万 t

水系		河段	2022 年	2032 年	2042 年
荆江三口	松滋口	松滋口门	−1 651.86	−2 139.27	−2 552.49
		松滋西支	−2 157.07	−3 153.37	−3 818.61
		松滋东支	−507.60	−527.00	−508.38
		松滋中支	−125.39	−186.90	−262.61
	太平口	虎渡河	−384.72	−543.72	−649.09
	藕池口	藕池口门	−25.59	−74.35	−42.28
		藕池西支	−73.32	−114.55	−162.18
		藕池东支	−164.59	−221.81	−262.72
		藕池中支	32.32	22.41	10.67
澧水洪道			−3 243.61	−4 489.21	−5 327.82

三口河道主要分为松滋河、虎渡河、藕池河三个部分。

松滋河各河段冲淤变化详见图 5-19。

至 2022 年,松滋口门段累计冲刷 1 651.86 万 t;至 2032 年,河段累计冲刷 2 139.27 万 t;至模型预测 30 年后,即 2042 年,松滋口门段累计冲刷 2 552.49 万 t。可以看到,松滋口门段在模拟时段前期冲刷剧烈,2017 年后,河段冲刷略有减缓,但并不明显。

松滋三河中,松滋西支冲刷最为剧烈。至 2022 年,河段累计冲刷 2 157.07 万 t;至 2032 年,河段累计冲刷 3 153.37 万 t;至模型预测 30 年后,即 2042 年,松滋西支累计冲刷 3 818.61 万 t。可以看到,2037 年后,松滋西支泥沙冲淤有所减缓。

松滋东支在模拟时段前期持续冲刷。至 2018 年,河段累计冲刷 470.65 万 t;

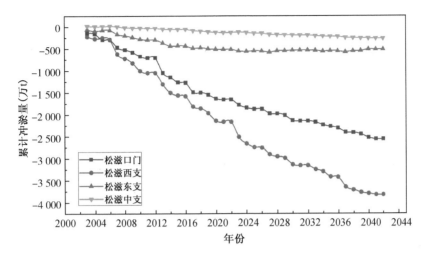

图 5-19 模拟时段松滋河各河段冲淤变化

2018年后,河段冲刷减缓;至2023年,河段累计冲刷545.40万t。2023年后,松滋东支泥沙冲淤平衡,后开始出现小幅淤积,至2032年,河段累计冲刷量减少至527.00万t;至模拟预测30年后,即2042年,河段累计冲刷量减少至508.38万t。可以看到,松滋东支在模拟时段经历了由冲刷到冲淤平衡,再到淤积的过程。

松滋中支在模拟时段持续冲刷。至2022年,河段累计冲刷125.39万t;至2032年,河段累计冲刷186.90万t;至模型预测30年后,即2042年,松滋中支累计冲刷262.61万t。

虎渡河泥沙冲淤变化详见图5-20。虎渡河在模拟时段持续冲刷。至2022年,河段累计冲刷384.72万t,至2032年,河段累计冲刷543.72万t,至模型预测30年后,即2042年,虎渡河累计冲刷649.09万t。可以看到,2027年后,虎渡河泥沙冲刷有所减缓。

藕池河各河段冲淤变化详见图5-21。

藕池口门段在2012年以前淤积,至2012年,河段累计淤积53.60万t;2012年后,河段开始冲刷,至2023年,河段累计冲刷70.05万t;2023年后河段冲刷减缓,至2034年累计冲刷93.39万t;2034年后藕池口门段再度出现淤积,至模型预测30年后,即2042年,河段累计冲刷量减小至42.28万t。

受口门段影响,藕池河水系有冲有淤。藕池西支整体冲刷,至2022年,河段累计冲刷73.32万t;至2025年,河段累计冲刷118.08万t;2025年后,河段泥沙冲淤趋于平衡,至2036年,河段累计冲刷123.77万t;2036年后河段再度冲刷,至模型预测30年后,即2042年,藕池西支累计冲刷162.18万t。

在藕池河水系中,藕池东支冲刷相对剧烈。至2027年,河段累计冲刷220.52万t;2027年后,河段泥沙冲刷有所减缓,至模型预测30年后,即2042

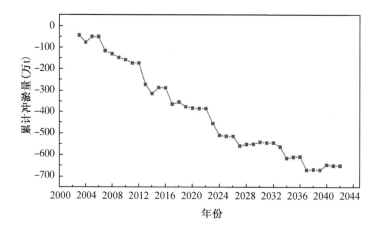

图 5-20　模拟时段虎渡河冲淤变化

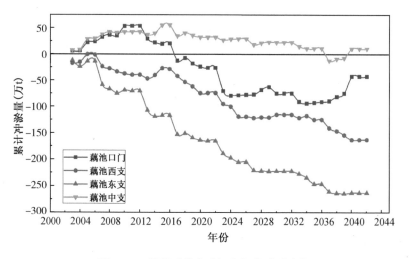

图 5-21　模拟时段藕池河各河段冲淤变化

年,藕池东支累计冲刷 262.72 万 t。

　　藕池中支泥沙先淤积后冲刷。至 2016 年,河段累计淤积 55.55 万 t,2016年后河段开始冲刷,至 2022 年,河段累计淤积量减少至 32.32 万 t;至 2032 年,河段累计淤积量减少至 22.41 万 t;至模型预测 30 年后,即 2042 年,河段累计淤积量减少至 10.67 万 t。

　　澧水洪道泥沙冲淤变化详见图 5-22。澧水洪道在模拟时段持续冲刷。至2022 年,河段累计冲刷 3 243.61 万 t;至 2032 年,河段累计冲刷 4 489.21 万 t;至模型预测 30 年后,即 2042 年,澧水洪道累计冲刷 5 327.82 万 t。可以看到,2027 年后,澧水洪道泥沙冲刷略有减缓。

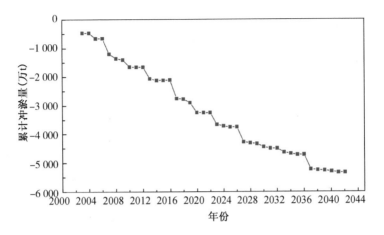

图 5-22　模拟时段澧水洪道冲淤变化

（3）洞庭湖区冲淤预测

模拟时段洞庭湖区累计冲淤量结果如表 5-9 所示。东洞庭湖冲刷,七里湖、目平湖和南洞庭湖则表现出淤积。

表 5-9　模拟时段洞庭湖区累计冲淤量　　　　　　　　单位:万 t

水系	河段	2022 年	2032 年	2042 年
洞庭湖区	七里湖	304.40	423.49	536.61
	目平湖	723.46	1 191.85	2 131.90
	南洞庭湖	2 932.09	4 018.86	4 943.66
	东洞庭湖	−5 251.65	−9 203.97	−16 644.96

图 5-23 显示洞庭湖区泥沙冲淤变化过程。

七里湖和目平湖在模拟时段持续淤积。至 2022 年,七里湖和目平湖分别累计淤积 304.40 万 t 和 723.46 万 t;至 2032 年,两湖区分别累计淤积 423.49 万 t 和 1 191.85 万 t;至模型预测 30 年后,即 2042 年,七里湖和目平湖区分别累计淤积 536.61 万 t 和 2 131.90 万 t。

南洞庭湖在模拟时段前期持续淤积。至 2022 年,湖区累计淤积泥沙 2 932.09 万 t;至 2032 年,湖区累计淤积泥沙 4 018.86 万 t;至 2037 年,湖区累计淤积泥沙 4 947.94 万 t。2037 年后,南洞庭湖区泥沙冲淤趋于平衡,至模型预测 30 年后,即 2042 年,湖区累计淤积泥沙 4 943.66 万 t。

东洞庭湖在模拟时段持续剧烈冲刷。至 2022 年,湖区累计冲刷 5 251.65 万 t;至 2032 年,湖区累计冲刷泥沙 9 203.97 万 t。2033 年后,湖区冲刷加剧,至模型预测 30 年后,即 2042 年,东洞庭湖区累计冲刷达 16 644.96 万 t。

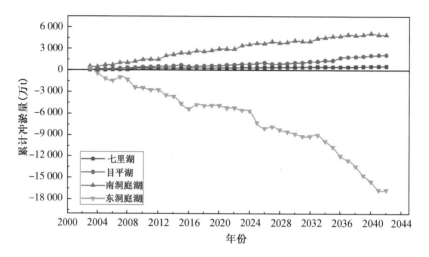

图 5-23　模拟时段洞庭湖区冲淤变化

5.2.3　2009—2018 水文系列预测 30 年

以 2009 年 1 月 1 日—2018 年 12 月 31 日长江及四水实测水沙数据作为边界条件,冲淤计算至 2019 年后,以 2009 年 1 月 1 日—2018 年 12 月 31 日水文系列循环预测未来 30 年长江干流、三口河道及洞庭湖区泥沙冲淤变化。

（1）长江干流河段冲淤预测

模型预测期间,长江干流宜昌—汉口河段普遍冲刷,详见表 5-10。

表 5-10　模拟时段长江干流各河段累计冲淤量　　　　　　　　　单位:亿 t

水系	河段	2028 年	2038 年	2048 年
长江干流	宜枝河段	−1.34	−1.38	−1.39
	荆江	−2.28	−3.14	−3.97
	城汉河段	−0.72	−0.76	−0.75
	宜昌—汉口	−4.35	−5.28	−6.11

模拟时段各河段冲淤变化详见图 5-24。

宜枝河段在时段前期冲刷较快,至 2025 年,河段累计冲刷 1.34 亿 t;2025 年后,河段冲刷减缓,趋于平衡;至 2038 年,河段累计冲刷 1.38 亿 t;至模型预测 30 年后,即 2048 年,宜枝河段累计冲刷 1.39 亿 t。

荆江河段冲刷持续剧烈。至 2028 年,河段累计冲刷 2.28 亿 t,至 2038 年,河段累计冲刷 3.14 亿 t,至模型预测 30 年后,即 2048 年,荆江河段累计冲刷 3.97 亿 t,且河段冲刷仍未有减缓的迹象。

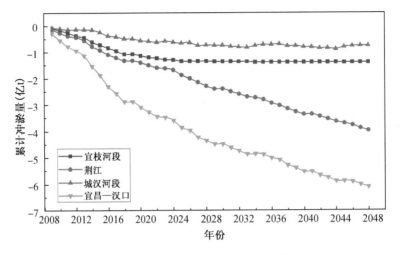

图 5-24　模拟时段长江干流各河段冲淤变化

城汉河段在模拟时段前期持续冲刷。至 2028 年,河段累计冲刷 0.72 亿 t;2028 年后河段冲刷减缓;至 2038 年,河段累计冲刷 0.76 亿 t。2044 年后,河段出现少许淤积,至模型预测 30 年后,即 2048 年,城汉河段累计冲刷量略下降至 0.75 亿 t。

整体来看,模拟时段长江干流宜昌—汉口河段剧烈冲刷,并呈现持续冲刷的趋势。但随着冲刷持续进行,河道中泥沙粒径增大,河床粗化,部分河段泥沙冲刷开始减缓,最终其泥沙冲淤应当趋于平衡。

（2）三口河道及澧水洪道冲淤预测

模拟时段三口河道及澧水洪道累计冲淤量结果如表 5-11 所示。

表 5-11　模拟时段三口河道及澧水洪道累计冲淤量　　　　　单位:万 t

水系		河段	2028 年	2038 年	2048 年
荆江三口	松滋口	松滋口门	−2 380.26	−3 081.35	−3 790.79
		松滋西支	−2 979.91	−4 136.25	−5 241.73
		松滋东支	−36.57	−211.74	−408.23
		松滋中支	−164.48	−253.72	−363.84
	太平口	虎渡河	−484.96	−683.15	−805.06
	藕池口	藕池口门	−23.88	−18.58	8.76
		藕池西支	49.01	80.44	73.30
		藕池东支	−16.39	−24.51	−25.18
		藕池中支	15.73	25.21	41.62
澧水洪道			−1 760.17	−2 397.37	−2 979.87

三口河道主要分为松滋河、虎渡河、藕池河三个部分。

松滋河各河段冲淤变化详见图 5-25。

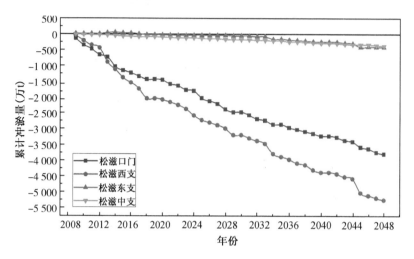

图 5-25　模拟时段松滋河各河道冲淤变化

至 2028 年,松滋口门段累计冲刷 2 380.26 万 t;至 2038 年,河段累计冲刷 3 081.35 万 t;至模型预测 30 年后,即 2048 年,松滋口门段累计冲刷 3 790.79 万 t。可以看到,松滋口门段在模拟时段冲刷并无显著的减缓迹象。

松滋三河中,松滋西支冲刷最为剧烈,且至 2028 年,河段累计冲刷 2 979.91 万 t;至 2038 年,河段累计冲刷 4 136.25 万 t;至模型预测 30 年后,即 2048 年,松滋西支累计冲刷 5 241.73 万 t。可以看到,2018 年后,松滋西支泥沙冲淤有所减缓。

松滋东支短暂淤积后开始冲刷,至 2028 年,河段累计冲刷 36.57 万 t;至 2033 年,河段累计冲刷 73.76 万 t;2033 年后,河段冲刷加剧,至 2038 年,河段累计冲刷 211.74 万 t;至模型预测 30 年后,即 2048 年,松滋东支累计冲刷 408.23 万 t。

松滋中支在模拟时段持续冲刷。至 2028 年,河段累计冲刷 164.48 万 t,至 2038 年,河段累计冲刷 253.72 万 t,至模型预测 30 年后,即 2048 年,松滋中支累计冲刷 363.84 万 t。

虎渡河泥沙冲淤变化详见图 5-26。

虎渡河在模拟时段持续冲刷。至 2028 年,河段累计冲刷 484.96 万 t;至 2038 年,河段累计冲刷 683.15 万 t;至模型预测 30 年后,即 2048 年,虎渡河累计冲刷 805.06 万 t。可以看到,随着时间推移,虎渡河泥沙冲刷略有减缓。

藕池河各河段冲淤变化详见图 5-27。

藕池口门段在 2019 年以前淤积,至 2019 年,河段累计淤积 13.49 万 t;2019 年后,河段开始冲刷;至 2027 年,河段累计冲刷 23.91 万 t;2027 年后河段冲刷

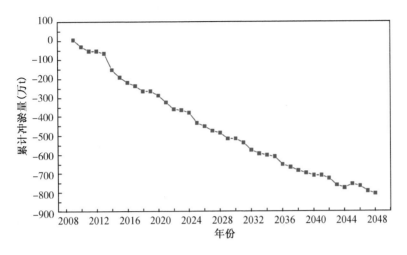

图 5-26 模拟时段虎渡河冲淤变化

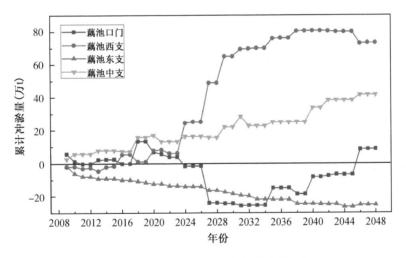

图 5-27 模拟时段藕池河各河道冲淤变化

减缓,至 2034 年累计冲刷 25.32 万 t;2034 年后藕池口门段再度出现淤积,至模型预测 30 年后,即 2048 年,河段累计淤积 8.76 万 t。

受口门段影响,藕池河水系有冲有淤。藕池西支短暂冲刷后开始淤积,至 2023 年,河段累计冲刷 6.30 万 t;2023 年后泥沙淤积加剧,至 2030 年,河段累计淤积 65.00 万 t;2030 年后,河段泥沙冲淤趋于平衡,至模型预测 30 年后,即 2048 年,藕池西支累计淤积 73.30 万 t。

在藕池河水系中,藕池东支持续冲刷。至 2033 年,河段累计冲刷 21.75 万 t;2033 年后,河段泥沙冲刷有所减缓;至 2038 年,河段累计冲刷 24.51 万 t;至模型预测 30 年后,即 2048 年,藕池东支累计冲刷 25.12 万 t。

藕池中支泥沙持续淤积。至2028年,河段累计淤积15.73万t;至2038年,河段累计淤积25.21万t;至模型预测30年后,即2048年,河段累计淤积41.62万t。

澧水洪道泥沙冲淤变化详见图5-28。澧水洪道在模拟时段持续冲刷。至2028年,河段累计冲刷1760.17万t;至2038年,河段累计冲刷2397.37万t,至模型预测30年后,即2048年,澧水洪道累计冲刷2979.87万t。

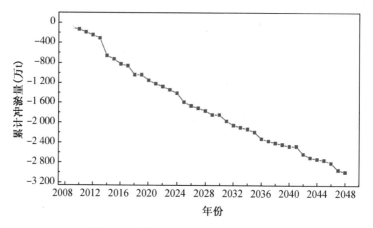

图5-28 模拟时段澧水洪道冲淤变化

(3)洞庭湖区冲淤预测

模拟时段洞庭湖区累计冲淤量结果如表5-12所示。东洞庭湖冲刷,目平湖和南洞庭湖则表现出淤积,七里湖先冲后淤。

表5-12 模拟时段洞庭湖区累计冲淤量　　　　　　　　　　　单位:万t

水系	河段	2028年	2038年	2048年
洞庭湖区	七里湖	−38.52	−23.14	−21.41
	目平湖	662.74	1 044.50	1 306.79
	南洞庭湖	1 381.02	1 967.88	2 194.19
	东洞庭湖	−8 931.25	−12 958.07	−16 427.97

图5-29显示了洞庭湖区泥沙冲淤变化过程。

七里湖在模拟时段内先冲刷后淤积。至2029年,湖区累计冲刷43.73万t;2029年后,湖区开始淤积;至2038年,湖区累计冲刷量减少至23.14万t;2038年后,湖区淤积减缓;至模型预测30年后,即2048年,七里湖区累计冲刷量减少至21.41万t。

目平湖在模拟时段持续淤积。至2028年,目平湖累计淤积662.74万t;至2038年,湖区累计淤积1 044.50万t;至模型预测30年后,即2048年,目平湖区

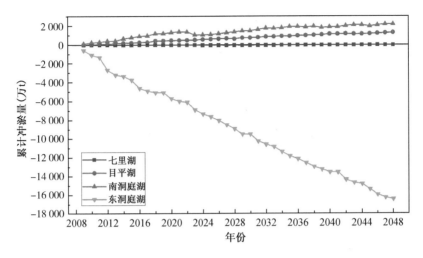

图 5-29 模拟时段洞庭湖区冲淤变化

分别累计淤积 1 306.79 万 t。

南洞庭湖在模拟时段前期持续淤积。至 2028 年,湖区累计淤积泥沙 1 381.02 万 t;至 2038 年,湖区累计淤积泥沙 1 967.88 万 t;2038 年后,南洞庭湖区泥沙冲淤略有减缓;至模型预测 30 年后,即 2048 年,湖区累计淤积泥沙 2 194.19 万 t。

东洞庭湖在模拟时段持续剧烈冲刷。至 2028 年,湖区累计冲刷 8 931.25 万 t;至 2038 年,湖区累计冲刷泥沙 12 958.07 万 t。至模型预测 30 年后,即 2048 年,东洞庭湖区累计冲刷达 16 427.97 万 t。

5.3 小结

(1) 2003—2018 年还原、1981—2002 年还现计算获取的宜昌站水沙过程分析发现,水库梯级建设主要改变径流洪峰、枯水流量,拦蓄泥沙,对于年际的径流过程基本无影响。

(2) 2003—2008 年五年水文系列预测结果显示,至 2038 年,长江干流宜枝河段(宜昌—枝城)、上荆江(枝城—藕池口)、下荆江(藕池口—城陵矶)皆冲刷,累计冲淤量为 −92 509.2 万 m³。

松滋河口门段在模拟时段持续冲刷。累计冲刷量为 2 663.71 万 m³。松滋西支与松滋东支持续冲刷,累计冲刷量分别为 2 129.75 万 m³、2 028.09 万 m³,且 2025 年后趋于平缓,逐渐平衡。松滋中支在 2021 年以前泥沙整体表现出淤积,2021 年后河道开始冲刷,2025 年后冲刷趋缓,冲淤接近平衡,至 2038 年河道累计冲刷 401.4 万 m³。

虎渡河在 2033 年以前持续冲刷,至 2038 年累计冲刷量为 520.08 万 m³。

藕池口门在 2019 年前缓慢淤积,累计淤积量为 128.19 万 m³,至 2032 年累计冲刷量为 407.44 万 m³,2032 年后淤积。藕池西支轻微冲刷,累计冲刷量为 9.62 万 m³;藕池东支先轻微淤积,随后由淤转冲并持续冲刷,累计冲刷量达 595.77 万 m³。藕池中支持续淤积,累计淤积量为 408.93 万 m³,2033 年以后其泥沙冲淤趋于平衡。

七里湖区先冲刷,2009 年后由冲转淤并将持续淤积。目平湖区持续淤积,累计淤积量达 3 662.07 万 m³。东洞庭湖区持续冲刷,累计冲淤量为 39 623.2 万 m³。南洞庭湖区先淤积,2015 年开始冲刷,至 2028 年,累计冲刷量达 6 955.64 万 m³;2028 年后,再次淤积,至 2038 年累计冲刷量减少至 2 931.8 万 m³。

澧水洪道先淤积后冲刷。2017 年前持续淤积,累计淤积量为 152.29 万 m³;2017 年后持续冲刷,至 2038 年累计冲刷量达 1 407.71 万 m³。

(3) 2003—2012 年十年水文系列预测结果显示,三峡水库运行后,长江干流宜昌—汉口河段剧烈冲刷,并呈现出持续冲刷的趋势。但随着冲刷持续进行,河道中泥沙粒径增大,河床粗化,部分河段泥沙冲刷开始减缓,最后趋于平衡。

松滋河口门段在模拟时段前期冲刷剧烈,累计冲刷 2 552.49 万 t。松滋西支冲刷最为剧烈,至 2042 年,累计冲刷 3 818.61 万 t;2037 年后松滋西支泥沙冲淤有所减缓。松滋东支在模拟时段经历了由冲刷到冲淤平衡再到淤积的过程。松滋中支处于持续冲刷,至 2042 年累计冲刷 262.61 万 t。

虎渡河持续冲刷,至 2042 年累计冲刷 649.09 万 t。2027 年后,虎渡河泥沙冲刷有所减缓。

藕池河口门段在 2012 年以后开始冲刷,2023 年后河段冲刷减缓,2034 年后口门段出现淤积,至 2042 年,河段累计冲刷量减少至 42.28 万 t。受口门段影响,藕池河水系有冲有淤。藕池西支整体冲刷,至 2042 年藕池西支累计冲刷 162.18 万 t。藕池东支冲刷相对剧烈,2027 年后冲刷有所减缓,至 2042 年藕池东支累计冲刷 262.72 万 t。藕池中支先淤积后冲刷,2016 年后河段开始冲刷,至 2042 年,河段累计淤积量减少至 10.67 万 t。

澧水洪道在模拟时段持续冲刷。至 2022 年,河段累计冲刷 3 243.61 万 t;至 2032 年,河段累计冲刷 4 489.21 万 t;至 2042 年,澧水洪道累计冲刷 5 327.82 万 t。

七里湖和目平湖在模拟时段持续淤积。至 2022 年,七里湖和目平湖分别累计淤积 304.40 万 t 和 723.46 万 t;至 2032 年,两湖区分别累计淤积 423.49 万 t 和 1 191.85 万 t;至 2042 年,七里湖和目平湖区分别累计淤积 536.61 万 t 和 2 131.90 万 t。

南洞庭湖在模拟时段前期持续淤积。至 2022 年,湖区累计淤积泥沙 2 932.09 万 t;至 2032 年,湖区累计淤积泥沙 4 018.86 万 t;至 2037 年,湖区累计淤积泥沙 4 947.94 万 t。2037 年后,南洞庭湖区泥沙冲淤趋于平衡,至 2042 年,湖区累计淤积泥沙 4 943.66 万 t。

东洞庭湖在模拟时段持续剧烈冲刷。至 2022 年,湖区累计冲刷 5 251.65 万 t;至 2032 年,湖区累计冲刷泥沙 9 203.97 万 t。2033 年后,湖区冲刷加剧,至 2042 年,东洞庭湖区累计冲刷达 16 644.96 万 t。

(4) 2009—2018 年十年水文系列预测结果显示,长江干流宜昌—汉口河段剧烈冲刷,并呈现持续冲刷的趋势。但随着冲刷持续进行,河道中泥沙粒径增大,河床粗化,部分河段泥沙冲刷开始减缓,最后趋于平衡。

松滋河口门段持续冲刷,且冲刷无减缓现象,至 2048 年,累计冲刷 3 790.79 万 t。松滋西支和中支持续冲刷,东支短暂淤积后也开始冲刷,且 2033 年后东支冲刷加剧。至 2048 年,西支累计冲刷 5 241.73 万 t,东支累计冲刷 408.23 万 t,中支累计冲刷 363.84 万 t。

虎渡河在模拟时段持续冲刷。至 2028 年,河段累计冲刷 484.96 万 t;至 2038 年,河段累计冲刷 683.15 万 t;至 2048 年,虎渡河累计冲刷 805.06 万 t。随着时间推移,虎渡河泥沙冲刷略有减缓。

藕池河口门段在整个模拟时段处于淤积—冲刷—淤积的过程,至 2048 年,河段累计淤积 8.76 万 t。受口门段影响,藕池河水系有冲有淤。藕池西支短暂冲刷后开始淤积,2023 年后泥沙淤积加剧;至 2030 年,泥沙冲淤趋于平衡;至 2048 年,藕池西支累计淤积 73.30 万 t。藕池东支持续冲刷,至 2048 年,藕池东支累计冲刷 25.12 万 t。藕池中支处于持续淤积状态,至 2048 年,河段累计淤积 41.62 万 t。

澧水洪道在模拟时段持续冲刷。至 2028 年,河段累计冲刷 1 760.17 万 t;至 2038 年,河段累计冲刷 2 397.37 万 t;至模型预测 30 年后,即 2048 年,澧水洪道累计冲刷 2 979.87 万 t。

七里湖在模拟时段内先冲刷后淤积。至 2029 年,湖区累计冲刷 43.73 万 t;2029 年后,湖区开始淤积;至 2038 年,湖区累计冲刷量减少至 23.14 万 t;2038 年后,湖区淤积减缓;至 2048 年,七里湖区累计冲刷量减少至 21.41 万 t。

目平湖在模拟时段持续淤积。至 2028 年,目平湖累计淤积 662.74 万 t;至 2038 年,湖区累计淤积 1 044.50 万 t;至 2048 年,目平湖区分别累计淤积 1 306.79 万 t。

南洞庭湖在模拟时段前期持续淤积。至 2028 年,湖区累计淤积泥沙 1 381.02 万 t;至 2038 年,湖区累计淤积泥沙 1 967.88 万 t;2038 年后,南洞庭湖区泥沙冲淤略有减缓;至 2048 年,湖区累计淤积泥沙 2 194.19 万 t。

东洞庭湖在模拟时段持续剧烈冲刷。至 2028 年,湖区累计冲刷 8 931.25 万 t;至 2038 年,湖区累计冲刷泥沙 12 958.07 万 t。至 2048 年,东洞庭湖区累计冲刷达 16 427.97 万 t。

第六章 新水沙条件下洞庭湖调控对策研究

6.1 三峡调节下典型洪水过程

6.1.1 1995 年洪水补偿调度

1995 年 7 月上旬,长江上游宜昌站来水在 17 000～30 000 m³/s(见图 6-1),洞庭湖水系"四水"来水较大,最大合成流量 49 500 m³/s(7 月 2 日 8 时)(见图 6-2),城陵矶(七里山)站年最大涨水过程发生在 7 月上旬,整个涨水过程主要与洞庭湖水系来水有关,7 月 6 日 17 时出现洪峰水位 33.68 m,超警戒水位(32.5 m)1.18 m,低于保证水位(34.55 m)(见图 6-3)。

由于水位未超过保证水位,且在城陵矶(七里山)站涨水阶段,长江上游来水呈消退态势,整体来水不大,若动用三峡水库拦洪影响不大,因此三峡水库不需要对城陵矶地区开展防洪补偿调度。

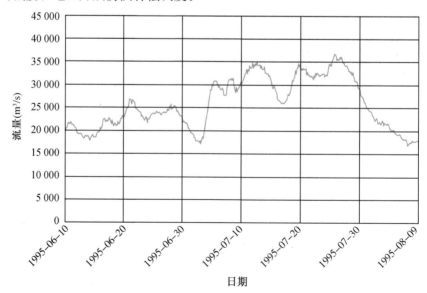

图 6-1 1995 年 6—7 月宜昌站来水过程线

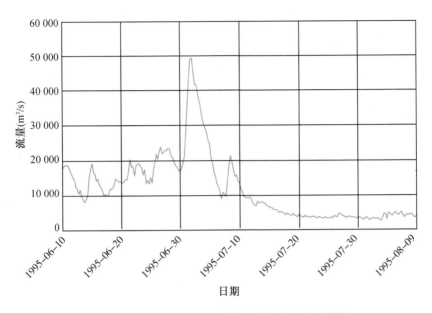

图 6-2　1995 年 6—7 月洞庭"四水"合成来水过程线

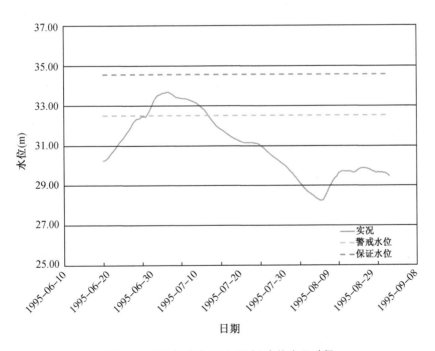

图 6-3　1995 年城陵矶(七里山)水位实况过程

6.1.2　1996 年洪水补偿调度

（1）三峡调洪高水位按 155 m 控制

1996 年，城陵矶（七里山）站自 7 月 18 日 17 时超保证水位，至 7 月 26 日 17 时降至保证水位以下，总历时 9 天，在此期间 7 月 22 日 2 时出现洪峰水位 35.31 m（超保证水位 0.76 m）。

以实况来水为背景，考虑仅运用三峡水库防洪库容进行拦蓄，起调水位按汛限水位 145 m 控制。由于调度以洪水预报为依据，根据城陵矶（七里山）站历年洪水预报精度，3～5 天时水位预报误差均较高，5 天以上时预报不确定性较大，因此本次拦蓄按城陵矶（七里山）站预见期 5 天内预报即将超保证水位时，开始启动三峡水库对城陵矶地区的防洪补偿调度，结合近年来三峡水库实际调度，采用逐级减少或逐级增加三峡水库出库流量的方式进行。

三峡水库补偿调度过程见表 6-1 和图 6-4，经调度后城陵矶（七里山）站水位变化前后对比见图 6-5。由于实况城陵矶（七里山）站 7 月 18 日 17 时开始超保证水位，考虑三峡出库至城陵矶江段的传播时间为 2 天左右，7 月 16 日 2 时之前按入库、出库平衡控制，库水位维持在汛限水位 145 m，16 日 8 时起出库流量减至 28 000 m³/s，16 日 20 时减至 25 000 m³/s，17 日 14 时减至 20 000 m³/s，18 日 2 时减至 18 000 m³/s，19 日 2 时减至 15 000 m³/s 并维持至 19 日 14 时，此后逐级加大出库流量，至 22 日 2 时水库水位拦蓄至 154.22 m 后转入入库、出库平衡调度，总共拦蓄洪量约 51 亿 m³，调度后城陵矶（七里山）站最高水位 34.54 m，降低洪峰水位 0.77 m。

表 6-1　1996 年来水时三峡水库调度过程（调洪水位 154.2 m）

时间	库水位（m）	入库流量（m³/s）	出库流量（m³/s）
1996-07-15　08:00	145.00	32 700	32 700
1996-07-15　14:00	145.00	32 600	32 600
1996-07-15　20:00	145.00	31 400	31 400
1996-07-16　02:00	145.00	31 600	31 600
1996-07-16　08:00	145.06	30 800	28 000
1996-07-16　14:00	145.20	31 600	28 000
1996-07-16　20:00	145.44	32 400	25 000
1996-07-17　02:00	145.76	32 000	25 000
1996-07-17　08:00	146.06	32 100	25 000
1996-07-17　14:00	146.48	32 300	20 000

时间	库水位(m)	入库流量(m³/s)	出库流量(m³/s)
1996-07-17　20:00	147.01	32 200	20 000
1996-07-18　02:00	147.58	32 300	18 000
1996-07-18　08:00	148.19	32 200	18 000
1996-07-18　14:00	148.78	32 200	18 000
1996-07-18　20:00	149.37	32 400	18 000
1996-07-19　02:00	150.03	32 700	15 000
1996-07-19　08:00	150.70	32 200	15 000
1996-07-19　14:00	151.34	32 100	15 000
1996-07-19　20:00	151.86	32 200	20 000
1996-07-20　02:00	152.29	32 600	20 000
1996-07-20　08:00	152.70	31 600	20 000
1996-07-20　14:00	153.10	32 000	20 000
1996-07-20　20:00	153.40	31 500	25 000
1996-07-21　02:00	153.62	31 400	25 000
1996-07-21　08:00	153.81	30 100	25 000
1996-07-21　14:00	153.98	30 200	25 000
1996-07-21　20:00	154.14	29 600	25 000
1996-07-22　02:00	154.22	29 600	29 600
1996-07-22　08:00	154.22	30 900	30 900
1996-07-22　14:00	154.22	32 600	32 600
1996-07-22　20:00	154.22	33 600	33 600
1996-07-23　02:00	154.22	35 600	35 600
1996-07-23　08:00	154.22	36 800	36 800

（2）三峡调洪高水位按 161 m 控制

1996 年城陵矶（七里山）站实况超保证水位持续时间为 9 天,最高超保证水位 0.76 m,前述运用三峡水库拦蓄至 154.2 m 左右时即可使城陵矶（七里山）水位降至保证水位以下,不需要继续开展拦蓄至 161 m 的补偿调度。

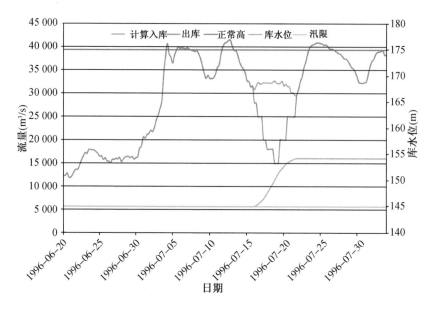

图 6-4　1996 年来水下三峡水库调洪至 154.2 m 运行过程

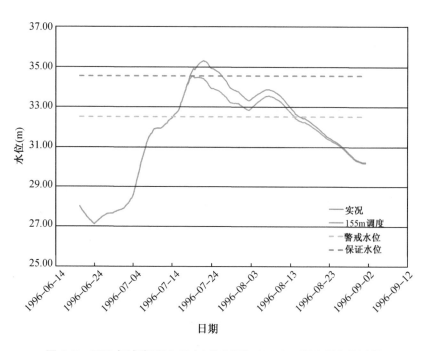

图 6-5　1996 年城陵矶(七里山)站实况与 154.2 m 调度后水位过程

6.1.3 1998 年洪水补偿调度

（1）三峡调洪高水位按 155 m 控制

1998 年，七里山站自 7 月 24 日 23 时超保证水位，至 9 月 6 日 14 时降至保证水位以下，总历时 44 天，在此期间七里山站水位有 5 次涨水过程，最高水位为 35.94 m（8 月 20 日 14 时），超保证水位 1.39 m，超保历时时间长，超保幅度大。

以实况来水为背景，考虑仅运用三峡水库防洪库容进行拦蓄，起调水位按汛限水位 145 m 控制，调度方式与 1996 年模拟补偿调度一致。

三峡水库补偿调度过程见表 6-2 和图 6-6，经调度后七里山站水位变化前后对比见图 6-7。由于实况七里山站 7 月 24 日 23 时开始超保证，7 月 22 日 2 时之前按入库、出库平衡控制，库水位维持在汛限水位 145 m，22 日 8 时起开始逐级减小出库流量，至 23 日 20 时出库流量减至 28 000 m³/s 并维持 12 小时左右，此后逐级加大出库流量，至 26 日 8 时水库库水位拦蓄至 155.04 m 后转入入库、出库平衡调度，总共拦蓄洪量约 56.5 亿 m³，调度后七里山站 7 月 25 日 2 时—7 月 30 日 2 时水位降至保证水位以下，此后随来水增加，水位仍将涨至保证水位以上。结果表明，在 1998 年来水情况下，若不考虑其他水库的拦洪仅考虑三峡水库拦蓄至 155 m 情形，只能短时将七里山站水位降至保证水位以下，仅靠三峡水库无法保证七里山站水位完全不超保证水位。

表 6-2　1996 年来水时三峡水库调度过程（调洪水位 155 m）

时间	库水位（m）	入库流量（m³/s）	出库流量（m³/s）
1998-07-21　08:00	145.00	48 600	48 600
1998-07-21　14:00	145.00	47 000	47 000
1998-07-21　20:00	145.00	45 300	45 300
1998-07-22　02:00	145.00	45 300	45 300
1998-07-22　08:00	145.09	44 300	40 000
1998-07-22　14:00	145.37	43 500	35 000
1998-07-22　20:00	145.77	44 800	35 000
1998-07-23　02:00	146.23	46 200	35 000
1998-07-23　08:00	146.86	47 900	30 000
1998-07-23　14:00	147.67	49 800	30 000
1998-07-23　20:00	148.58	51 200	28 000
1998-07-24　02:00	149.55	51 700	28 000
1998-07-24　08:00	150.49	51 700	28 000

时间	库水位(m)	入库流量(m³/s)	出库流量(m³/s)
1998-07-24　14:00	151.34	51 700	30 000
1998-07-24　20:00	152.10	51 400	30 000
1998-07-25　02:00	152.83	51 400	30 000
1998-07-25　08:00	153.44	50 100	35 000
1998-07-25　14:00	153.93	49 600	35 000
1998-07-25　20:00	154.39	48 500	35 000
1998-07-26　02:00	154.83	47 900	35 000
1998-07-26　08:00	155.04	46 600	46 600
1998-07-26　14:00	155.04	45 200	45 200
1998-07-26　20:00	155.04	43 900	43 900
1998-07-27　02:00	155.04	43 000	43 000
1998-07-27　08:00	155.04	41 700	41 700
1998-07-27　14:00	155.04	40 100	40 100
1998-07-27　20:00	155.04	39 000	39 000
1998-07-28　02:00	155.04	38 300	38 300
1998-07-28　08:00	155.04	37 200	37 200
1998-07-28　14:00	155.04	36 000	36 000
1998-07-28　20:00	155.04	34 400	34 400
1998-07-29　02:00	155.04	34 800	34 800
1998-07-29　08:00	155.04	34 100	34 100

（2）三峡调洪高水位按 161 m 控制

由于三峡水库拦蓄至 155 m 不能满足将七里山站水位完全降至保证水位以下的目标，在 155 m 调度过程的基础上，继续拦蓄至 161 m，分析七里山站水位降至保证水位以下的可能性。

三峡水库补偿调度过程见表 6-3 和图 6-8，经调度后七里山站水位变化前后对比见图 6-9。自 155 m 调度后七里山站 7 月 31 日 8 时突破保证水位，考虑传播时间，在 7 月 28 日 14 时之前按入库、出库平衡控制，库水位维持在 155 m，28 日 20 时起开始逐级减小出库流量，至 29 日 8 时出库流量减至 25 000 m³/s 并维持至 31 日 8 时，此后逐级加大出库流量回到入、出库平衡运行，至 8 月 1 日 2 时水库水位拦蓄至 158.2 m 后转入入库、出库平衡调度，七里山站将在 8 月 6 日再次超过保证水位，8 月 4 日三峡继续减小出库，8 月 4 日 8 时起按 35 000 m³/s

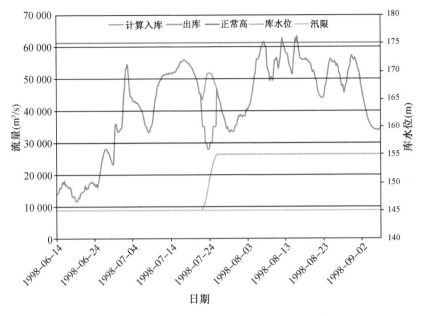

图 6-6　1998 年来水下三峡水库调洪至 155 m 运行过程

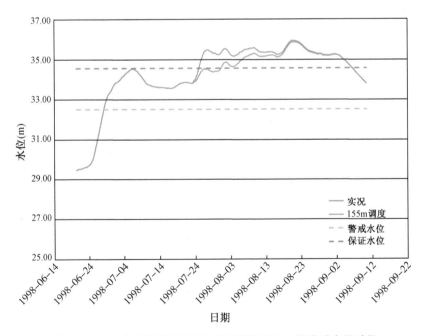

图 6-7　1998 年城陵矶(七里山)站实况与 155 m 调度后水位过程

控制,8 月 5 日 8 时起按 40 000 m³/s 控制,8 月 6 日 8 时最高调洪水位达 161 m 左右,自 145 m 起调总共拦蓄洪量约 98 亿 m³,调度后七里山站 7 月 25 日 2 时—

8月8日8时水位降至保证水位以下,此后随来水增加水位仍将涨至保证水位以上,较实况总计缩短超保天数至31天。结果表明,在1998年来水情况下,若不考虑其他水库的拦洪仅考虑三峡水库拦蓄,三峡拦蓄至161 m也仅能缩短七里山站超保证水位时间,仅靠三峡水库无法保证七里山站完全不超保证水位。

表6-3　1998年来水时三峡水库调度过程(调洪水位161 m)

时间		库水位(m)	入库流量(m³/s)	出库流量(m³/s)
1998-07-26	08:00	155.04	46 600	46 600
1998-07-26	14:00	155.04	45 200	45 200
1998-07-26	20:00	155.04	43 900	43 900
1998-07-27	02:00	155.04	43 000	43 000
1998-07-27	08:00	155.04	41 700	41 700
1998-07-27	14:00	155.04	40 100	40 100
1998-07-27	20:00	155.04	39 000	39 000
1998-07-28	02:00	155.04	38 300	38 300
1998-07-28	08:00	155.04	37 200	37 200
1998-07-28	14:00	155.04	36 000	36 000
1998-07-28	20:00	155.11	34 400	30 000
1998-07-29	02:00	155.26	34 800	30 000
1998-07-29	08:00	155.49	34 100	25 000
1998-07-29	14:00	155.77	33 400	25 000
1998-07-29	20:00	156.05	33 400	25 000
1998-07-30	02:00	156.33	33 900	25 000
1998-07-30	08:00	156.61	33 600	25 000
1998-07-30	14:00	156.88	33 400	25 000
1998-07-30	20:00	157.16	33 700	25 000
1998-07-31	02:00	157.46	35 000	25 000
1998-07-31	08:00	157.78	35 300	25 000
1998-07-31	14:00	158.04	35 900	30 000
1998-07-31	20:00	158.16	37 300	35 000
1998-08-01	02:00	158.20	38 400	38 400
1998-08-01	08:00	158.20	38 200	38 200

时间		库水位(m)	入库流量(m³/s)	出库流量(m³/s)
1998-08-01	14:00	158.20	38 700	38 700
1998-08-01	20:00	158.20	38 400	38 400
1998-08-02	02:00	158.20	38 100	38 100
1998-08-02	08:00	158.20	38 400	38 400
1998-08-02	14:00	158.20	38 300	38 300
1998-08-02	20:00	158.20	38 600	38 600
1998-08-03	02:00	158.20	40 400	40 400
1998-08-03	08:00	158.20	40 000	40 000
1998-08-03	14:00	158.20	40 700	40 700
1998-08-03	20:00	158.20	41 400	41 400
1998-08-04	02:00	158.20	42 100	42 100
1998-08-04	08:00	158.33	43 300	35 000
1998-08-04	14:00	158.62	45 000	35 000
1998-08-04	20:00	158.95	46 500	35 000
1998-08-05	02:00	159.35	49 000	35 000
1998-08-05	08:00	159.73	50 900	40 000
1998-08-05	14:00	160.09	52 500	40 000
1998-08-05	20:00	160.51	55 900	40 000
1998-08-06	02:00	160.91	56 000	45 000
1998-08-06	08:00	161.08	56 200	56 200
1998-08-06	14:00	161.08	57 000	57 000

（3）现状工况下水库群联合调度

1998年长江上游洪峰频繁、洪量大且集中,宜昌站连续出现了8次流量大于50 000 m³/s的洪峰,中下游地区水位高且持续时间长,超额洪量较大。到目前为止,长江流域已相继投运多个大型水库,已经形成纳入41座大型水库的联合防洪调度体系,经水库群联合调度,可有效减小洪水风险。在遭遇1998年型洪水时,仅靠三峡拦蓄至161 m无法完全消纳中下游超额洪量,因此考虑运用长江流域水库群联合防洪,分析使七里山站水位不超过保证水位的可能性。

① 现状工况下水库群运行原则及策略

考虑现状工况下遭遇1998年型洪水情形,并分析各水库调度规程和多年运

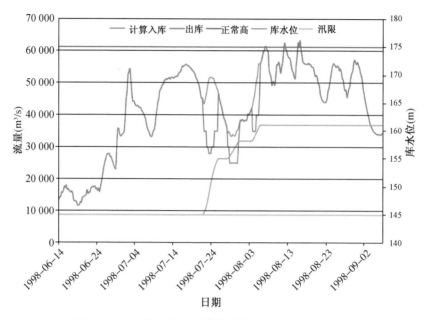

图 6-8 1998 年来水下三峡水库调洪至 161 m 运行过程

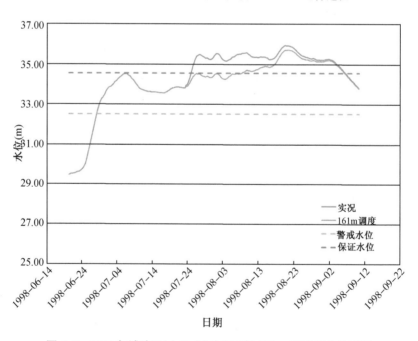

图 6-9 1998 年城陵矶(七里山)站实况与 161 m 调度后水位过程

行规律,本研究特制定以下简要还现调度原则。

在设计起调边界时,首先以三峡水库消落至汛限水位 145 m 的 6 月 10 日作为各水库起调时间,同时根据消落任务及 1954 年各支流实际来水情况分别制定起调水位,其中乌江、两湖水库因前期发生多次涨水过程,起调水位取汛限水位;金中梯级、雅砻江梯级、大渡河、岷江、嘉陵江、清江、丹江口前期来水较小,起调水位取 2015—2019 年的同期运行水位均值;考虑消落任务,三峡 6 月 10 日按 145 m 控制,丹江口水库 6 月 20 日消落至 159 m,金中梯级、向家坝分别于 6 月 30 日、6 月 25 日消落至汛限水位。

在宏观策略方面,上游水库(不含三峡)主要以拦量为主配合三峡对中下游进行防洪调度;清江及两湖水库群主要以拦洪错峰、削峰的形式进行防洪调度;汉江丹江口调度在优先满足汉江中下游防洪需求的前提下,同时尽量拦蓄,为汉口地区防洪减轻压力。

在制定拦洪最高库水位时,综合考虑防洪库容预留时间、是否有单独防洪任务等因素分别设计各水库水位最高值,其中金中、雅砻江、两湖水库 7 月底、8 月初拦至正常高水位;观音岩、紫坪铺、瀑布沟、金下梯级因有本流域防洪任务,分别按本流域防洪库容预留值或最大按防洪库容 80% 来设计;三峡、丹江口因有对下游补偿调度需求,暂不设最高库水位值,但实时模拟调度时需综合权衡库区及下游的防洪风险。

在设计具体调度方式时,基于现有规程综合考虑日涨幅、不同阶段拦洪速率、水资源利用率等因素,制定相关细则。

② 水库还现结果

本研究基于制定的长江流域主要控制性水库的实时调度策略,完成了控制性水库的还现调度工作,以五强溪、皂市为例,调度过程分别见图 6-10 至图 6-11。

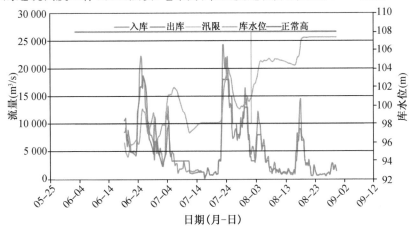

图 6-10 1998 年五强溪水库还现调度过程

③ 水库联合调度

通过上游水库群进行还现联合拦洪错峰调度,在保障本流域防洪要求的前提下,可较大程度减少三峡水库的入库水量。三峡入库流量实况与调度后过程

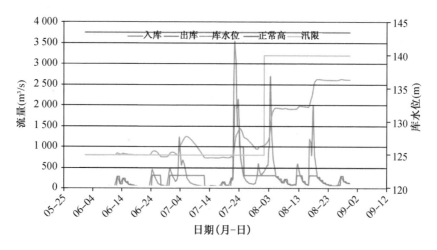

图 6-11　1998 年皂市水库还现调度过程

对比见图 6-12。经过长江上游水库群联合调度,三峡水库入库水量整体减少约 190 亿 m³,相当于减少了实况来水约 7%。

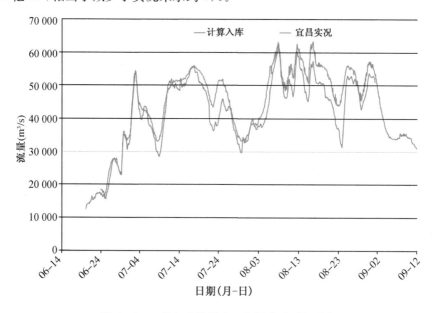

图 6-12　三峡入库流量实况与调度后过程对比

　　下文以还现后的水库运行调度过程作为流域来水背景,分析三峡水库对城陵矶地区的补偿调度。对长江上游出现的多次洪峰过程主要采取削峰调度,对城陵矶(七里山)或莲花塘站预报即将超保证水位时开展补偿调度,同时考虑三峡水库水位的控制目标和对荆江河段的补偿,制定水库调度方案,见图 6-13。由该图可知,三峡水库第一阶段为城陵矶地区进行补偿调度库水位拦蓄至155 m

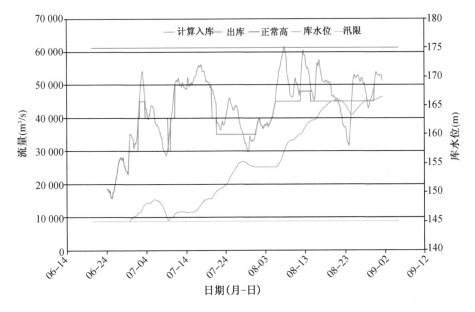

图 6-13　三峡水库还现调度过程

左右,此后随来水增加,出现多次入库洪峰超 50 000 m³/s 的洪水,在对荆江地区防洪补偿调度时兼顾城陵矶地区防洪形势设置出库流量,最高调洪库水位在 166.5 m 左右,整个汛期三峡水库合计拦蓄水量约 141 亿 m³。经水库群联合调度后,城陵矶(七里山)站水位过程见图 6-14。由该图可知,与 1998 年实况相

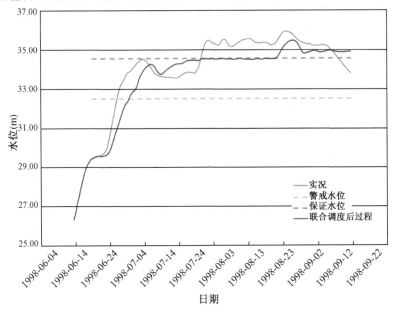

图 6-14　调度后城陵矶(七里山)水位过程线

比,7月24日—8月17日水位均降至保证水位以下,此后水位仍有一个上涨,还现后洪峰水位约35.5 m左右,超保证水位近1 m,由于目前三峡水库已拦蓄至165 m,在考虑水库自身运行风险和本流域防洪需求的前提下,水库调度已无可用空间,城陵矶(七里山)站水位仍处于超保状态时,可视沿线堤防运行情况适当加高或适时启用洲滩民垸或分蓄洪区滞蓄洪水。

结果表明:遇1998年型洪水时,来水整体峰高量大且河道超额洪量较大,首先需开展上中游水库群联合调度,共同配合减少三峡入库水量、洞庭湖入湖水量,尽可能地发挥水利工程防洪效益,再适时考虑堤防运行和分洪影响,共同保障防洪安全。

6.1.4 2016年洪水补偿调度

2016年7月,长江中下游发生大洪水。受持续强降雨影响,洞庭湖水系湘江、资水、沅江、澧水来水大幅增加,洞庭湖水系及湖区共计34站出现超警戒及以上洪水,"洞庭四水"7月5日20时出现最大合成流量27 000 m^3/s。其中,资水柘溪水库7月4日14时出现最大入库流量20 400 m^3/s,经水库调蓄后,最大出库流量为6 190 m^3/s(7月4日23时),削峰超14 000 m^3/s,削峰率超69%;桃江站7月5日6时出现洪峰水位43.29 m(相应流量9 000 m^3/s),超过警戒水位4.09 m;益阳站7月5日8时出现洪峰水位38.5 m,超过警戒水位2 m。沅江五强溪水库7月5日9时出现最大入库流量22 300 m^3/s,经水库调蓄后,最大出库流量为11 700 m^3/s(7月5日22时),削峰10 600 m^3/s,削峰率约48%。澧水石门站出现双峰洪水过程,洪峰流量分别为9 050 m^3/s(6月28日,水位58.6 m,超警戒水位0.1 m)、6 390 m^3/s(7月2日)。

自7月3日起,长江中下游干流监利以下各站相继超警,长江2016年第2号洪水在长江中下游形成,7月6日7时后中下游干流监利以下江段全线超警,城陵矶江段莲花塘站水位涨至33.96 m,七里山站水位涨至34.15 m,水位均将逼近保证水位。为避免城陵矶江段超保证水位,同时缩短长江中下游超警时间,减轻防洪压力,长江防总7月6日、7日发布两道调度令,将三峡水库出库流量自7月6日9时起按25 000 m^3/s控制,7日10时30分起按20 000 m^3/s控制,之后按日均20 000 m^3/s维持至16日。在调度三峡水库为中下游拦洪削峰的同时,长江防总调度金沙江梯级水库配合三峡水库拦蓄上游洪水,减少三峡水库入库洪量,缓解三峡水库防洪压力。同时指导湖南省防汛抗旱指挥部调度柘溪、五强溪水库全力拦洪、错峰、削峰。7月上旬柘溪水库、五强溪水库分别拦蓄洪量13亿 m^3、10亿 m^3,削峰率分别为69%和49%,极大减轻了资水、沅水下游乃至洞庭湖区的防洪压力。此外,鄱阳湖水系修水柘林水库拦蓄洪量7.44亿 m^3,削峰率为55%,长江中游支流清江水布垭水库拦蓄洪量约3亿 m^3,长江中游支流陆水河陆水水库拦蓄洪量约 1.2 亿 m³,对中下游防洪压力起到了一定缓解作用。

洪水期间(6 月 30 日—7 月 23 日),上中游水库群共拦蓄洪水 192.53 亿 m³。其中,金沙江水库群合计拦蓄约 60 亿 m³,嘉陵江、岷江、乌江水库群合计拦蓄约 35 亿 m³,三峡水库拦蓄约 72 亿 m³,清江梯级水库拦蓄 8 亿 m³,洞庭湖水系水库群合计拦蓄约 17 亿 m³。

通过上中游水库群拦蓄,成功控制城陵矶江段不超保证水位,七里山站实况洪峰水位 34.47 m(7 月 8 日 3 时)。本轮过程中,三峡水库最高调洪水位151.57 m(7 月 4 日 2 时)(详见图 6-15);若水库群不拦蓄,洪峰水位将涨至35.17 m 左右。

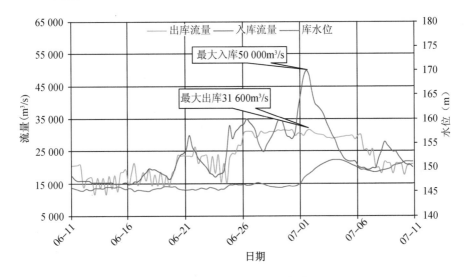

图 6-15　2016 年三峡水库调度过程图

6.1.5　2017 年洪水补偿调度

(1) 实际调度过程

2017 年汛期,长江中游发生区域性大洪水,洞庭湖水系发生特大洪水,七里山站超保证水位。受 6 月 22—28 日强降雨影响,洞庭湖水系来水快速增加,湘江、资水发生超警洪水,资水桃江站 24 日出现洪峰水位 40.17 m(超警戒0.97 m),洪峰流量 6 780 m³/s。沅江五强溪水库 25 日出现入库洪峰流量22 800 m³/s,最大出库 17 000 m³/s,26 日最高拦蓄至 104.03 m(汛限水位98 m);下游桃源站 25 日出现洪峰流量 18 400 m³/s。29 日湘江干流各站水位除全州、老埠头外均超警戒,湘潭站 30 日超过保证水位(39.5 m),相应流量达18 900 m³/s。25 日 8 时,洞庭湖"四水"合成流量最大涨至 30 300 m³/s,29 日退至 25 000 m³/s 左右后再次上涨。

6月29日—7月2日，强降雨区呈西南—东北向，移动缓慢，洞庭湖沅江、资水、湘江发生超保证或超历史洪水，湘江发生超历史洪水，沅江、资水发生超保证水位洪水，五强溪、柘溪、柘林等水库全力拦蓄洪水，库水位接近或超过正常蓄水位。

沅江五强溪水库7月1日5时最大入库流量为32 400 m³/s，最大出库流量为22 500 m³/s（2日0时）；库水位2日11时最高涨至107.85 m（正常蓄水位108 m）；下游控制站桃源站2日19时44分洪峰水位45.43 m，超保证水位0.03 m。资水柘溪水库1日12时出现最大入库流量15 800 m³/s，最大出库流量为8 500 m³/s（2日15时），3日19时库水位最高涨至169.84 m（正常蓄水位169 m），下游控制站桃江站1日10时30分出现洪峰水位44.13 m，超保证水位1.83 m。湘江干流及下游支流涟水、浏阳河、捞刀河、沩水发生超历史洪水；湘潭站3日2时出现洪峰水位41.23 m，超保证水位1.73 m；长沙站3日0时12分洪峰水位39.51 m，超历史最高水位（1998年39.18 m）0.33 m，超保证水位1.14 m。受上述来水影响，洞庭湖"四水"合成流量7月3日2时最大涨至51 000 m³/s，与此同时，汨罗江等湖区支流发生大洪水，七里山站7月1日最大日涨幅达0.86 m。

受洞庭湖水系来水及区间降雨影响，洞庭湖出口控制站七里山站水位持续快速上涨，7月1日超警戒水位，4日0时55分超过保证水位（34.55 m），洪峰水位34.63 m（4日12时40分，超保证水位0.08 m）。

国家防汛抗旱总指挥部、长江防汛抗旱总指挥部（以下简称长江防总）多次紧急会商研判，启用三峡水库及上游金沙江、雅砻江梯级水库同步拦蓄水量，与洞庭湖水系水库联合，实施对城陵矶地区防洪补偿调度。长江防总于7月1日12时、1日19时、1日22时、2日12时、2日22时34小时内先后发出5道调度令，将三峡水库出库流量由27 300 m³/s逐步压减至8 000 m³/s并维持，拦蓄率达60%以上，金沙江梯级、雅砻江梯级同步拦蓄，溪洛渡与向家坝联合运用，向家坝水库出库流量减少至5 000 m³/s并维持，以减少三峡水库入库水量，控制库水位过快上涨；同时，联合洞庭湖水系凤滩、五强溪、柘溪水库同步拦蓄洪水，控制干流莲花塘水位不超保证水位。为缓解三峡水库腾库压力，在洞庭湖洪水明显转退后，7月5日22时长江防总发布第24号调度令，三峡水库下泄流量逐步增加，直到7月10日水库出现最高库水位157.10 m，至此三峡水库对城陵矶地区防洪补偿调度结束。其间，长江上游库群联合调度为中下游防洪拦蓄水量，过程（7月1日14时—10日8时）总拦蓄洪量116.78亿 m³，其中三峡水库拦蓄水量69.08亿 m³。三峡水库水位及入出库流量过程见图6-16。

本次过程中，洞庭湖七里山站实况洪峰水位34.63 m（超保证水位0.08 m），三

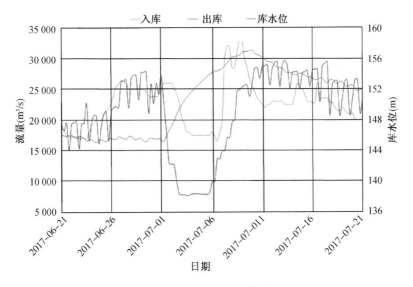

图 6-16 三峡水库调度过程

峡最高调洪水位 157.10 m(7 月 10 日)。若上中游水库群不拦蓄,七里山站还原后水位 35.97 m,将超保证水位 1.42 m,超警戒水位 3.47 m,还原过程见图 6-17。

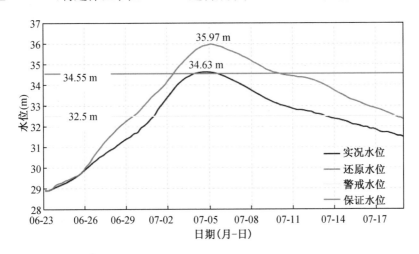

图 6-17 2017 年七里山站实况与还原水位过程对比图

(2) 模拟调度过程

与前述模拟调度方法一致,以实况来水和三峡实时调度过程为背景,考虑重新优化调度三峡水库拦蓄方式,研究三峡水库调蓄至 155 m、161 m 时,使城陵矶(七里山)水位降低到保证水位以下的可能性。

① 三峡调洪高水位按 155 m 控制

三峡水库补偿调度过程见表 6-4 和图 6-18,经调度后城陵矶(七里山)站水位变化前后对比见图 6-19。与实况出库过程相比,重新调整后的三峡出库流量 6 月 29 日减至日均 22 000 m³/s,6 月 30 日—7 月 7 日按日均 16 000 m³/s,7 月 8 日按 22 000 m³/s,7 月 9 日 8 时调至 28 000 m³/s,此后按入库、出库平衡控制,最高调洪库水位 155 m,调度后城陵矶(七里山)最高水位 34.60 m,仍超保证水位 0.05 m,与实况城陵矶(七里山)洪峰水位差别不大。

表 6-4 2017 年来水时三峡水库调度过程(调洪水位 155 m)

时间	库水位(m)	入库流量(m³/s)	出库流量(m³/s)
2017-06-27 08:00	146.22	26 500	26 200
2017-06-27 14:00	146.23	26 300	26 400
2017-06-27 20:00	146.21	26 000	26 600
2017-06-28 02:00	146.27	25 000	22 000
2017-06-28 08:00	146.29	25 000	26 800
2017-06-28 14:00	146.20	25 000	27 300
2017-06-28 20:00	146.10	25 000	27 300
2017-06-29 02:00	146.12	25 000	22 000
2017-06-29 08:00	146.25	25 000	22 000
2017-06-29 14:00	146.38	25 000	22 000
2017-06-29 20:00	146.50	24 500	22 000
2017-06-30 02:00	146.73	24 000	16 000
2017-06-30 08:00	147.07	23 800	16 000
2017-06-30 14:00	147.40	23 800	16 000
2017-06-30 20:00	147.73	23 800	16 000
2017-07-01 02:00	148.07	24 000	16 000
2017-07-01 08:00	148.43	25 000	16 000
2017-07-01 14:00	148.83	26 000	16 000
2017-07-01 20:00	149.24	26 000	16 000
2017-07-02 02:00	149.65	26 000	16 000
2017-07-02 08:00	150.06	26 000	16 000
2017-07-02 14:00	150.43	25 300	16 000
2017-07-02 20:00	150.77	24 300	16 000
2017-07-03 02:00	151.06	23 000	16 000

时间	库水位(m)	入库流量(m³/s)	出库流量(m³/s)
2017-07-03　08:00	151.26	20 500	16 000
2017-07-03　14:00	151.40	19 500	16 000
2017-07-03　20:00	151.50	18 000	16 000
2017-07-04　02:00	151.57	18 000	16 000
2017-07-04　08:00	151.64	17 500	16 000
2017-07-04　14:00	151.69	17 500	16 000
2017-07-04　20:00	151.74	17 500	16 000
2017-07-05　02:00	151.80	17 500	16 000
2017-07-05　08:00	151.85	17 500	16 000
2017-07-05　14:00	151.90	17 500	16 000
2017-07-05　20:00	151.96	17 500	16 000
2017-07-06　02:00	152.01	17 500	16 000
2017-07-06　08:00	152.07	18 000	16 000
2017-07-06　14:00	152.13	17 400	16 000
2017-07-06　20:00	152.16	16 500	16 000
2017-07-07　02:00	152.20	18 000	16 000
2017-07-07　08:00	152.31	20 000	16 000
2017-07-07　14:00	152.61	30 000	16 000
2017-07-07　20:00	153.12	32 000	16 000
2017-07-08　02:00	153.55	32 000	22 000
2017-07-08　08:00	153.82	28 500	22 000
2017-07-08　14:00	154.04	28 500	22 000
2017-07-08　20:00	154.29	31 000	22 000
2017-07-09　02:00	154.62	33 000	22 000
2017-07-09　08:00	154.88	33 000	28 000
2017-07-09　14:00	155.00	30 000	28 000
2017-07-09　20:00	155.04	28 500	28 000
2017-07-10　02:00	155.02	26 500	28 000
2017-07-10　08:00	154.96	25 500	28 000

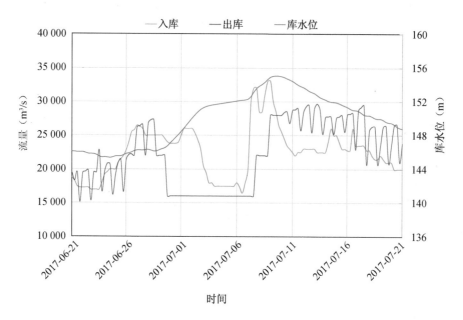

图 6-18 三峡水库调度过程(155 m)

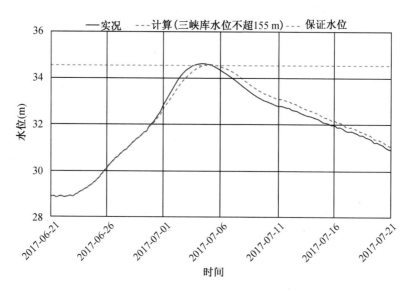

图 6-19 2017 年城陵矶(七里山)站实况与 155 m 调度后水位过程

② 三峡最高调洪水位按 161 m 控制

由于三峡水库拦蓄至 155 m 仍无法保证城陵矶(七里山)站不超保证水位，下文将计算拦蓄至 161 m 降低至保证水位以下的可能性。

三峡水库补偿调度过程见表 6-5 和图 6-20,经调度后城陵矶(七里山)站水位变化前后对比见图 6-21。与 155 m 模拟过程相比,重新调整后的三峡出库流量 6 月 29 日减至日均 22 000 m³/s,6 月 30 日按日均 18 000 m³/s 控制,7 月 1—6 日按日均 13 000 m³/s 控制,7 月 6 日 20 时开始调至 18 000 m³/s,7 月 8 日又调至 22 000 m³/s,7 月 9 日 8 时按 28 000 m³/s 控制,此后按入库、出库平衡控制,最高调洪库水位 156.7 m,调度后城陵矶(七里山)站最高水位 34.45 m,低于保证水位 0.10 m,较实况城陵矶(七里山)站洪峰水位降低 0.18 m。表明三峡拦蓄至 156.7 m 时可满足将城陵矶(七里山)站水位降至保证水位以下的可能性,即在实况调度的基础上,三峡水库还有一定的优化空间。

表 6-5　2017 年来水时三峡水库调度过程(调洪水位 161 m)

时间	库水位(m)	入库流量(m³/s)	出库流量(m³/s)
2017-06-27　08:00	146.22	26 500	26 200
2017-06-27　14:00	146.23	26 300	26 400
2017-06-27　20:00	146.21	26 000	26 600
2017-06-28　02:00	146.27	25 000	22 000
2017-06-28　08:00	146.29	25 000	26 800
2017-06-28　14:00	146.20	25 000	27 300
2017-06-28　20:00	146.10	25 000	27 300
2017-06-29　02:00	146.12	25 000	22 000
2017-06-29　08:00	146.25	25 000	22 000
2017-06-29　14:00	146.38	25 000	22 000
2017-06-29　20:00	146.50	24 500	22 000
2017-06-30　02:00	146.68	24 000	18 000
2017-06-30　08:00	146.94	23 800	18 000
2017-06-30　14:00	147.19	23 800	18 000
2017-06-30　20:00	147.44	23 800	18 000
2017-07-01　02:00	147.79	24 000	13 000
2017-07-01　08:00	148.28	25 000	13 000
2017-07-01　14:00	148.81	26 000	13 000
2017-07-01　20:00	149.34	26 000	13 000
2017-07-02　02:00	149.87	26 000	13 000
2017-07-02　08:00	150.38	26 000	13 000
2017-07-02　14:00	150.87	25 300	13 000
2017-07-02　20:00	151.30	24 300	13 000

时间	库水位(m)	入库流量(m³/s)	出库流量(m³/s)
2017-07-03　02:00	151.68	23 000	13 000
2017-07-03　08:00	151.99	20 500	13 000
2017-07-03　14:00	152.23	19 500	13 000
2017-07-03　20:00	152.43	18 000	13 000
2017-07-04　02:00	152.60	18 000	13 000
2017-07-04　08:00	152.76	17 500	13 000
2017-07-04　14:00	152.91	17 500	13 000
2017-07-04　20:00	153.06	17 500	13 000
2017-07-05　02:00	153.21	17 500	13 000
2017-07-05　08:00	153.36	17 500	13 000
2017-07-05　14:00	153.51	17 500	13 000
2017-07-05　20:00	153.66	17 500	13 000
2017-07-06　02:00	153.81	17 500	13 000
2017-07-06　08:00	153.97	18 000	13 000
2017-07-06　14:00	154.12	17 400	13 000
2017-07-06　20:00	154.17	16 500	18 000
2017-07-07　02:00	154.14	18 000	18 000
2017-07-07　08:00	154.18	20 000	18 000
2017-07-07　14:00	154.41	30 000	18 000
2017-07-07　20:00	154.83	32 000	18 000
2017-07-08　02:00	155.23	32 000	22 000
2017-07-08　08:00	155.50	28 500	22 000
2017-07-08　14:00	155.71	28 500	22 000
2017-07-08　20:00	155.96	31 000	22 000
2017-07-09　02:00	156.29	33 000	22 000
2017-07-09　08:00	156.55	33 000	28 000
2017-07-09　14:00	156.66	30 000	28 000
2017-07-09　20:00	156.70	28 500	28 000
2017-07-10　02:00	156.68	26 500	28 000
2017-07-10　08:00	156.62	25 500	28 000

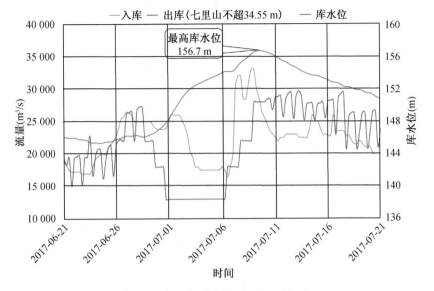

图 6-20 三峡水库调度过程（161 m）

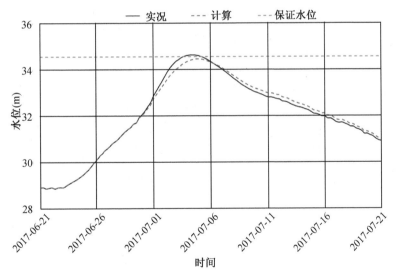

图 6-21 2017 年城陵矶（七里山）站实况与 161 m 调度后水位过程

6.2 工程体系治理对策

　　长江中游的防洪布局是以目前的江湖关系为前提的。随着江湖关系演变，一方面，三口分流持续减少，将导致荆江、洞庭湖面临更大的防洪压力。另一方面，参考模型 30 年预测结果，三口主要呈现冲刷状态，随着荆江三口河槽冲深、比降加大,洞庭湖枯水期断流天数将增加。同时,由于东洞庭湖的持续冲刷,湖泊将向窄深走向发展,枯水期时城陵矶水位将进一步降低。除此之外,城陵矶汛期将面临超额洪水更为集中的处境。为了适应江湖关系变化,减缓洞庭湖防洪形势加剧状况,本项目对松滋口建闸和城陵矶建闸两项工程进行讨论,探求新水沙条件下的洞庭湖系统治理措施。

6.2.1 松滋口建闸

6.2.1.1 工程方案

松滋口陈二口闸和大口闸位置如图 6-22 所示。

图 6-22 松滋口陈二口闸和大口闸位置示意图

松滋口建闸的作用主要体现在两个方面:一方面,当长江来流量较小而澧水来流量较大时,或者长江与澧水来流量均不是最大但组合流量较大时,控制松滋河进洪流量,以减轻松澧地区防洪压力;另一方面,空湖待蓄,即在中洪水及以下情况时,通过松滋口闸控制,洪水尽可能先由长江下泄,而让洞庭湖处于空湖状态,为其后出现大洪水时预留调蓄容积,最大限度地发挥洞庭湖对长江洪水的调节作用。

6.2.1.2 调度方案

松滋口闸常年开启,枯水期控制分流;当松澧洪水错峰需要时,控制下泄流量。错峰调度时需要考虑松澧地区和西洞庭湖地区防洪的需要,并以不影响干流防洪为前提,其调度方式如下。

(1) 当预测松澧地区防洪形势紧张(安乡、石龟山、南咀任一站点水位超过保证水位)时,启动松滋口闸错峰调度。

(2) 当澧水发生大洪水,且沙市站水位不超过 43 m(警戒水位)时:

① 若澧水石门站与松滋口分流量之和超过 14 000 m³/s,松滋口闸控泄,闸的过流量为 14 000 m³/s 减去石门流量;

② 若澧水石门站来流量大于 14 000 m³/s 时,松滋口闸按满足生态和供水灌溉要求的最小流量下泄。

(3) 当澧水发生特大洪水(如 1935 年洪水)时,利用三峡水库与松滋口闸联合调度,松滋口闸减少的下泄流量由三峡水库等量拦蓄,在保证荆江河段防洪安全的前提下,兼顾保障松澧地区防洪安全。

6.2.2 城陵矶建闸

随着长江上游干支流控制性水利枢纽的建设,一方面水库蓄水期减少了下泄流量,从而降低了下游河道水位;另一方面,清水下泄引起河道冲刷,水位还将进一步降低,江湖关系发生较大变化。通过城陵矶综合水利枢纽调节,可以缓解长江上游干支流控制性工程蓄水期对洞庭湖水文情势变化的影响,达到有效应对江湖关系变化、提高洞庭湖的经济和生态承载能力的目的。

6.2.2.1 枢纽调度运行原则

(1) 调枯畅洪原则

洞庭湖作为长江中游重要的蓄滞洪场所,对长江干流来水和四水洪水均有较大的调蓄作用。城陵矶综合枢纽在四水和长江上游主汛期的 4—8 月份应尽可能打开所有泄水闸门,保证四水、三口洪水顺利出湖,以维持洞庭湖泄蓄洪功能。

随着洞庭湖生态经济区的建设发展,以及长江上游更多干支流控制性水利枢纽的逐步运行,洞庭湖枯水位降低、枯水期延长的水文情势将常态化。通过城陵矶综合枢纽的调度,可适当利用汛末洪水资源,适度缓解枯水对湖区的影响,以适应经济社会发展和生态环境保护的要求。

(2) 有效应对江湖关系变化的原则

随着长江上游干支流控制性水利枢纽的建设,江湖关系发生较大变化。通过水利枢纽调节,可以缓解长江上游干支流控制性工程蓄水期对洞庭湖水文情势变化的影响,达到有效应对江湖关系变化、提高洞庭湖的经济和生态承载能力的目的。

(3) 与控制性工程联合运用的原则

长江上游干支流控制性水利工程运用后,在不同时期一定程度地改变了下游的径流过程,对下游水资源利用和水环境保护造成影响。在三峡等控制性工程汛末蓄水前,可通过枢纽适度拦蓄水量,合理利用洪水资源,改善湖区枯水期水资源利用条件,发挥生态环境保护、灌溉、供水、航运等效益,减轻控制性工程蓄水对下游的影响。

(4)工程综合影响最小的原则

城陵矶综合枢纽的建设,将改变部分时段洞庭湖出湖径流过程,对江湖关系产生一定程度的影响。枢纽调度应综合考虑对水生态环境保护、水资源综合利用的作用和影响,合理拟定枢纽的枯水期控制水位及运行调度方式,尽量将工程的不利影响减至最小。

(5)水资源统一调度的原则

洞庭湖作为长江中游的通江湖泊,对下游水资源调节起着重要作用。枢纽建成后,在干流下游遭遇特枯水时,按照流域水资源统一调度要求实施补水调度,发挥应急水源作用。

6.2.2.2　工程任务

城陵矶综合枢纽首要任务是维持湖区合理的枯期水位,缓解常态化、趋势性低枯水位造成的水安全问题,从而为生态、供水、灌溉、航运和环境等提供安全保障。通过合理调节湖区水位,满足以下五方面的要求:一是满足湿地动态特征对水位消落的需求,延迟湖泊洼地水位提前下降带来的湿地提前出露的影响,为水生植物和水生动物提供较稳定的环境,保障湖区生态安全;二是满足供水、灌溉可靠取水的水位需求,为解决城乡人畜饮用水安全问题提供可靠水源,保障湖区供水安全和粮食安全;三是满足提高通航保证率的水深需求,改善湖区航运条件,保障湖区航运安全;四是满足改造钉螺孳生环境的水位涨落需求,阻止钉螺沿水系扩散,控制钉螺孳生和蔓延,有效抑制血吸虫病蔓延,保障湖区民生安全;五是满足特殊情况下为长江中下游应急补水的需求,充分利用汛期洪水资源,在长江中下游遭遇旱情时,保证沿江两岸生产生活用水及航道畅通。

6.3　河湖疏浚治理对策

自从荆南三口溃口后,长江来水挟带泥沙汇入洞庭湖,进入湖区后水流流速降低,导致入湖泥沙大量沉积。根据历史统计结果,三峡未使用前,由长江进入洞庭湖的泥沙平均每年为 1.39 亿 m^3。根据模型预测结果,洞庭湖多年冲淤状态表现为东洞庭湖持续冲刷,七里湖、目平湖和南洞庭湖则持续淤积。同时,由于荆南三口水系大部分处于冲刷状态,三口河槽冲深,底坡加大,进而加速七里湖、目平湖和南洞庭湖淤积。另外,澧水洪道多年处于持续冲刷状态,河道呈窄深发展,行洪能力降低。在以生态优先、绿色发展的"共抓大保护,不搞大开发"的发展前提下,大型水利工程措施逐渐被取代。针对三口分流下降,湖区淤积严重的问题,河道疏浚开始作为主要非工程措施进行考虑。

(1) 2003—2012 年十年长序列的 30 年预测结果显示,至 2042 年,七里湖淤积量将达到 536.61 万 t,目平湖淤积量将达到 2 131.90 万 t。湖区疏浚采用二维疏浚方式,增加行洪断面面积和湖泊容量,进而增加湖泊调蓄能力。

(2) 根据模型统计结果,澧水洪道 30 年累计冲刷 5 327.82 万 t。由于澧水洪道持续冲刷,水流淘蚀河道断面,断面呈窄深向发展。因此与湖区疏浚方式不同,澧水河道应采用断面展宽方式来进行疏浚,以扩大河道断面为目的,增加河道过水能力。

6.4 水资源补给对策

三峡水库及其上游梯级水库较长时间运行后,三口中仅松滋口中低水位仍具备分流条件,结合松滋河—虎渡河—藕池河—华容地势逐步降低、水可自流的地理条件,可在三口河系范围内稳流拓浚,确保松滋河、虎渡河、藕池河、华容河中下游具备稳定的水源条件。

松滋口深水河槽开挖降低水位为 31.00~32.00 m,适应宜昌 5 000 m³/s 流量稳定分流 300 m³/s 左右;疏浚松滋河、澧水洪道约 200 km 河道,枯水期通过大湖口河下游控制抬高水位至 30.00 m;拓挖安乡—南县—华容河道约 100 km,使虎渡河、藕池河、华容河连通,利用地势自然落差建成稳定的自流河道。澧水洪道、松滋河中支历史上未疏浚到位及长江泥沙的大量淤积,导致了 20 世纪 60 年代初期的松澧分流工程失败。随着目前河道疏浚机械技术的发展,继续完成该疏浚任务,清理淤积泥沙成为可能。拓挖河道两岸需形成堤防,在澧水洪水自松滋河西支官垸河分流绕行瓦窑河时作为临时行洪通道;洪道疏浚土方可在两岸形成堤防内平台。疏浚无疑将导致长江洪水更多地自松滋口泄进洞庭湖,但在三峡工程的控制下,百年一遇洪水松滋口分流将不会超过 7 500 m³/s。若再现 1954 年型洪水,松滋口分流或进一步增加,洪水进入洞庭湖,对沿线造成的防洪压力和拥堵与在城陵矶附近的效果也许是相同的,工程上则需加大疏浚,延长并拓展洪水通道,充分发挥洞庭湖湖泊性洪道的调蓄和行洪作用。极端情况下,如历史上长江 1/2 洪水入湖,自松滋河、目平湖、南洞庭湖、东洞庭湖绕行,则应通过模拟分析研究对策。

第七章　结论与建议

7.1　结论

（1）根据实测资料分析，宜昌、枝城、沙市站年径流量序列存在多个突变点，集中在 1990 年前后。监利站年径流量序列存在多个可能的突变点，集中在 1988 年、1994 年、2000 年前后。螺山站年径流量序列存在多个可能的突变点，集中在 1984 年、1991—2000 年、2016 年前后。年输沙量呈显著减小趋势，但无突变点。洞庭湖区各站点在三峡水库运用后的多年年平均水位有一定幅度降低，其中距离湖口较近的七里山站水位变化幅度相对较小，距离湖口较远的小河咀、南咀站水位变化幅度相对较大，澧水尾闾石龟山站变化幅度相对最大。荆江三口分流分沙能力整体处于不断衰减状态，但总体趋于稳定。湘潭站年径流量系列总体呈增大趋势，2002 年后呈减少趋势，东江水库运用后，1987—2018 年间大部分年份的年径流量较多年平均年径流量 670 亿 m^3 偏少；桃江站年径流量系列总体呈先增大后减少趋势，2002 年后呈减少趋势；桃源站年径流量系列总体呈先增大后减少再增大趋势，五强溪水库运用后大部分年份的年径流量较多年平均年径流量 633 亿 m^3 偏大；石门站年径流量系列总体无明显变化，江垭水库运用后，年径流量有所减小。湘潭、桃江、石门站年输沙量呈显著减少趋势，除湘潭站突变点出现在东江水库建设节点，其他站点突变点比较分散。

（2）分析宜昌站 2003—2018 年还原、1981—2002 还现水沙过程发现，水库梯级建设主要改变径流洪峰、枯水流量，拦蓄泥沙，对于年际的径流过程基本无影响。

（3）遇 1996 年、2016 年、2017 年典型洪水，三峡水库拦蓄至 155 m 左右（2017 年为 156.7 m）对城陵矶补偿调度，可满足低于保证水位的要求；1998 年型峰高量大的流域性洪水过程，除抬高三峡调洪水位之外，还需开展水工程（水库、蓄滞洪区）联合调度，挖掘工程拦洪潜力，减少进入三峡水库水量和入湖水量，共同配合保证中下游防洪安全。

（4）基于构建的数据同化洞庭湖水沙模拟模型，分别以 2003—2008 年五年水文系列、2003—2012年十年水文系列、2009—2018年十年水文系列作为边界条件,循环预测本序列未来30年的长江干流宜昌—城陵矶、三口河系、澧水洪道、东洞庭湖、目平湖和南洞庭湖的泥沙冲淤状态。以三峡运行后2003—2008年五年模拟结果为例,至2038年,长江干流宜昌—城陵矶冲刷,累计冲淤量为−92 509.2万 m³。三口河系除虎渡河、松滋河口门持续冲刷外,其他河段均经历先淤积后冲刷的阶段,累计冲刷量达8 606.78万 m³。洞庭湖除东洞庭湖持续冲刷、目平湖持续淤积,南洞庭湖先淤积后冲刷,累计冲刷量达38 975.04万 m³。澧水洪道先淤积后冲刷,2017年前持续淤积,累计淤积量为152.29万 m³;2017年后持续冲刷,累计冲刷量达1 407.71万 m³。

7.2 建议

本研究针对数据同化水沙模型江湖模拟成果,提出适应新水沙条件下的洞庭湖演变趋势调控对策。

(1)推进城陵矶建闸和松滋口建闸水利调度工程,以适应长江三峡以下河段洪水、水资源整体调度的大环境。

(2)维护洞庭湖湖泊特点,在"不搞大开发"的前提下,结合区域冲淤特点,实施七里湖、澧水洪道与目平湖的疏浚工程,提高松澧洪水遭遇时的安全泄洪能力。

(3)实施荆南三口稳流拓浚工程,提供三口河系水资源自流入湖的地理条件,增加湖区水资源入流。

参考文献

［1］赖旭. 三峡工程影响下洞庭湖湿地水位与植被覆盖变化研究［D］. 长沙:湖南大学,2014.

［2］卢金友,罗恒凯. 长江与洞庭湖关系变化初步分析［J］. 人民长江,1999,30(4):24-26.

［3］施修端,夏薇,杨彬. 洞庭湖冲淤变化分析(1956—1995 年)［J］. 湖泊科学,1999,11(3):199-205.

［4］李景保,秦建新,王克林,等. 洞庭湖环境系统变化对水文情势的响应［J］. 地理学报,2004,59(2):239-248.

［5］张剑明,章新平,黎祖贤,等. 近 47 年来洞庭湖区干湿的气候变化［J］. 云南地理环境研究,2009,21(5):56-62.

［6］宋佳佳,薛联青,刘晓群,等. 洞庭湖流域极端降水指数变化特征分析［J］. 水电能源科学,2012,30(9):17-19.

［7］胡春宏,王延贵. 三峡工程运行后泥沙问题与江湖关系变化［J］. 长江科学院院报,2014,31(5):107-116.

［8］郭小虎,姚仕明,晏黎明. 荆江三口分流分沙及洞庭湖出口水沙输移的变化规律［J］. 长江科学院院报,2011,28(8):80-86.

［9］李景保,周永强,欧朝敏,等. 洞庭湖与长江水体交换能力演变及对三峡水库运行的响应［J］. 地理学报,2013,68(1):108-117.

［10］湖南省统计局. 湖南统计年鉴 2019［M］. 北京:中国统计出版社,2019.

［11］湖北省统计局. 湖北统计年鉴 2019［M］. 北京:中国统计出版社,2019.

［12］宋承新. 径流还原计算的综合修正法［J］. 水文,1999(2):46-48.

［13］王方方,阮燕云,王二鹏,等. 基于 F 检验的金沙江下游梯级径流还现分析研究［J］. 水电与新能源,2018,32(9):22-25,30.

［14］魏茹生. 径流还原计算技术方法及其应用研究［D］. 西安:西安理工大学,2009.

［15］刘强. 水利工程影响下的水文情势分析及径流还原计算技术研究——以大沽夹河流域为例［D］. 泰安:山东农业大学,2018.

［16］孙娟绒. 坪上水库径流还现计算分析［J］. 太原理工大学学报,2005(05):589-592.

［17］渠庚,郭小虎,朱勇辉,等. 三峡工程运用后荆江与洞庭湖关系变化分析［J］. 水力发电学报,2012,31(5):163-172.

［18］中华人民共和国水利部. 2003—2018 中国河流泥沙公报［R］. 北京:中国水利水电出版社,2003-2018 年.

[19] 朱玲玲,许全喜,戴明龙. 荆江三口分流变化及三峡水库蓄水影响[J]. 水科学进展, 2016,27(6):822-831.

[20] 李正最,谢悦波,徐冬梅. 洞庭湖水沙变化分析及影响初探[J]. 水文,2011,31(1): 45-53,40.

[21] 覃红燕,谢永宏,邹冬生. 湖南四水入洞庭湖水沙演变及成因分析[J]. 地理科学,2012, 32(5):609-615.

[22] 李景保,代勇,欧朝敏,等. 长江三峡水库蓄水运用对洞庭湖水沙特性的影响[J]. 水土保持学报,2011,25(3):215-219.

[23] 张丽,钱湛,张双虎. 变化水沙条件下三口入洞庭湖水量变化趋势研究[J]. 中国农村水利水电,2015(5):102-104,108.

[24] 张细兵,卢金友,王敏,等. 三峡工程运用后洞庭湖水沙情势变化及其影响初步分析[J]. 长江流域资源与环境,2010,19(6):640-643.

[25] 陈栋,渠庚,郭小虎,等. 三峡建库前后洞庭湖对下荆江的顶托与消落作用研究[J]. 工程科学与技术,2020,52(2):86-94.

[26] 徐贵,黄云仙,黎昔春,等. 城陵矶洪水位抬高原因分析[J]. 水力学报,2004(8):33-37,45.

[27] 丛振涛,肖鹏,章诞武,等. 三峡工程运行前后城陵矶水位变化及其原因分析[J]. 水利发电学报,2014,33(3):23-28.

[28] 王鸿翔,查胡飞,李越,等. 三峡水库对洞庭湖水文情势影响评估[J]. 水力发电,2019,45(11):14-18,44.

[29] 陈进. 三峡水库建成后长江中下游防洪战略思考[J]. 水科学进展,2014,25(5): 745-751.

[30] 董炳江,许全喜,袁晶,等. 2017年汛期三峡水库城陵矶防洪补偿调度分析[J]. 人民长江,2019,50(2):95-100.

[31] 徐照明,徐兴亚,李安强,等. 长江中下游河道冲淤演变的防洪效应[J]. 水科学进展, 2019,31(3):366-376.

[32] 章诞武,丛振涛,倪广恒. 基于中国气象资料的趋势检验方法对比分析[J]. 水科学进展, 2013,24(4):490-496.

[33] 王延贵,刘茜,史红玲. 江河水沙变化趋势分析方法与比较[J]. 中国水利水电科学研究院学报,2014,12(2):190-195,201.

[34] 秦年秀,姜彤,许崇育. 长江流域径流趋势变化及突变分析[J]. 长江流域资源与环境, 2005,14(5):589-594.

[35] 吉红霞,吴桂平,刘元波. 极端干旱事件中洞庭湖水面变化过程及成因[J]. 湖泊科学, 2016,28(1):207-216.

[36] 方红卫,何国建,郑邦民. 水沙输移数学模型[M]. 北京:科学出版社,2015.

[37] 方红卫,韩冬. 长江三峡工程下游荆江洞庭湖水沙数学模型研究[C]. 中国力学大会暨钱学森诞辰100周年纪念大会论文集,2011.

[38] 张高峰,喻丽莉,李妍,等. 新安江模型在径流预报中的一致性分析[J]. 人民长江,2019,

　　50(A1):75-78.

[39] 黎安田. 长江 1998 年洪水与防汛抗洪[J]. 人民长江,1999,30(1):1-7.

[40] 马建文,秦思娴. 数据同化算法研究现状综述[J]. 地球科学进展,2012,27(7):747-757.

[41] 刘士和,周祖俊. 柘溪水库淤积测量及库容关系曲线修正研究[J]. 武汉水利电力大学学报,2000,33(4):21-24.

[42] 董炳江,陈显维,许全喜. 三峡水库沙峰调度试验研究与思考[J]. 人民长江,2014,45(19):1-5.

[43] 李妍. 基于 ArcMAP 的五强溪泥沙淤积及其对水库调度影响的分析[D]. 武汉:华中科技大学,2019.

[44] YIN H F, LIU G R, PI J G, et al. On the river-lake relationship of the middle Yangtze reaches[J]. Geomorphology, 2007,85(3):197-207.

[45] DAI Z J, LIU J T. Impacts of large dams on downstream fluvial sedimentation: an example of the Three Gorges Dam (TGD) on the Changjiang (Yangtze River)[J]. Journal of Hydrology, 2013,480:10-18.

[46] MEI X F, DAI Z J, DU J Z, et al. Linkage between Three Gorges Dam impacts and the dramatic recessions in China's largest freshwater lake, Poyang Lake[J]. Scientific Reports, 2015,5:18197.

[47] Li N , WANG L , ZENG C , et al. Variations of runoff and sediment load in the middle and lower reaches of the Yangtze River, China (1950—2013)[J]. PLoS ONE, 2016,11(8):e0160154.

[48] HOUSER P R. Improved Disaster Management Using Data Assimilation[G]. Approaches to Disaster Management-Examining the Implications of Hazards, Emergencies, INTECH Open Access Publisher, 2013.

[49] MOORE A M, ARANGO H G, BROQUET G, et al. The Regional Ocean Modeling System (ROMS) 4-dimensional variational data assimilation systems: Part I-System overview and formulation[J]. Progress in Oceanography, 2011,91(1):34-49.

[50] GHIL M, MALANOTTE-RIZZOLI P. Data assimilation in meteorology and oceanography[J]. Advances in Geophysics, 1991,33:141-266.

[51] LIU Y, WEERTS A H, CLARK M, et al. Advancing data assimilation in operational hydrologic forecasting: progresses, challenges, and emerging opportunities[J]. Hydrology and Earth System Sciences, 2012,16 (10):3863-3887.

[52] KALMAN R E. A new approach to linear filtering and prediction problems[J]. Journal of Basic Engineering, 1960,82(1):35-45.

[53] EVENSEN G. Sequential data assimilation with a nonlinear quasi-geostrophic model using Monte Carlo methods to forecast error statistics[J]. Journal of Geophysical Research: Oceans, 1994,99(C5):10143-10162.

[54] CLARK M P, RUPP D E, WOODS R A, et al. Hydrological data assimilation with the ensemble Kalman filter: use of streamflow observations to update states in a distributed

hydrological model[J]. Advances in Water Resources, 2008,31(10):1309-1324.

[55] LEISENRING M, MORADKHANI H. Snow water equivalent prediction using Bayesian data assimilation methods[J]. Stochastic Environmental Research and Risk Assessment, 2011,25(2):253-270.

[56] SALAMON P, FEYEN L. Disentangling uncertainties in distributed hydrological modeling using multiplicative error models and sequential data assimilation[J]. Water Resources Research, 2010,46(12):65-74.

[57] MORADKHANI H, HSU K L, GUPTA H, et al. Uncertainty assessment of hydrologic model states and parameters: sequential data assimilation using the particle filter[J]. Water Resources Research, 2005,41(5).

[58] WEERTS A H, EL SERAFY G Y. Particle filtering and ensemble Kalman filtering for state updating with hydrological conceptual rainfall-runoff models[J]. Water Resources Research, 2006,42(9):123-154.

[59] SALAMON P, FEYEN L. Assessing parameter, precipitation, and predictive uncertainty in a distributed hydrological model using sequential data assimilation withthe particle filter[J]. Journal of Hydrology, 2009,376(3):428-442.

[60] NOH S, TACHIKAWA Y, SHIIBA M, et al. Applying sequential Monte Carlo methods into a distributed hydrologic model: lagged particle filtering approach with regularization[J]. Hydrology and Earth System Sciences, 2011,15(10):3237-3251.

[61] QIN J, LIANG S L, YANG K, et al. Simultaneous estimation of both soil moisture and model parameters using particle filtering method through the assimilation of microwave signal[J]. Journal of Geophysical Research: Atmospheres, 2009,114(D15).

[62] NAGARAJAN K, JUDGE J, GRAHAM W D, et al. Particle filter-based assimilation algorithms for improved estimation of root-zone soil moisture under dynamic vegetation conditions[J]. Advances in Water Resources, 2011,34(4):433-447.

[63] DECHANT C, MORADKHANI H. Radiance data assimilation for operational snow and streamflow forecasting. Advances in Water Resources[J], 2011,34(3):351-364.

[64] DECHANT C M, MORADKHANI H. Examining the effectiveness and robustness of sequential data assimilation methods for quantification of uncertainty in hydrologic forecasting[J]. Water Resources Research, 2012,48(4).

[65] PLAZA D A, DE KEYSER R, DE LANNOY G J M et al. The importance of parameter resampling for soil moisture data assimilation into hydrologic models using the particle filter[J]. Hydrology and Earth System Sciences, 2012,16(2):375-390.

[66] MORADKHANI H, DECHANT C M, SOROOSHIAN S. Evolution of ensemble data assimilation for uncertainty quantification using the particle filter-Markov chain Monte Carlo method[J]. Water Resources Research, 2012,48(12).

[67] VRUGT J A, BRAAK C J, DIKS C G, et al. Hydrologic data assimilation using particle Markov chain Monte Carlo simulation: theory, concepts and applications[J]. Advances

in Water Resources，2013，51：457-478.

[68] BI H Y，MA J W，WANG F J. An improved particle filter algorithm based on ensemble Kalman filter and Markov chain Monte Carlo method[J]. Journal of Selected Topics in Applied Earth Observations and Remote Sensing，2017，8(2)：447-459.

[69] WANG B，YU L，DENG Z H，et al. A particle filter-based matching algorithm with gravity sample vector for underwater gravity aided navigation[J]. Transactions on Mechatronics，2016，21(3)：1399-1408.

[70] LIU Y Q，GUPTA H V. Uncertainty in hydrologic modeling：toward anintegrated data assimilation framework[J]. Water Resources Research，2007，43(7).

[71] DECHANT C M，MORADKHANI H. Improving the characterization of initial condition for ensemble streamflow prediction using data assimilation[J]. Hydrology and Earth System Sciences，2011，15(11)：3399-3410.

[72] MORADKHANI H. Hydrologic remote sensing and land surface data assimilation[J]. Sensors，2008，8(5)：2986-3004.

[73] NOH S J，RAKOVEC O，WEERTS A H，et al. On noise specification in data assimilation schemes for improved flood forecasting using distributed hydrological models [J]. Journal of Hydrology，2014，519：2707-2721.

[74] FAN Y R，HUANG G H，BAETZ B W，et al. Parameter uncertainty and temporal dynamics of sensitivity for hydrologic models：a hybrid sequential data assimilation and probabilistic collocation method[J]. Environmental Modelling and Software，2016，86：30-49.

[75] THIREL G，SALAMON P，BUREK P，et al. Assimilation of MODIS snow cover area data in a distributed hydrological model using the particle filter[J]. Remote Sensing，2013，5(11)：5825-5850.

[76] VAN DELFT G，EL SERAFY G Y，HEEMINK A W. The ensemble particle filter (EnPF) in rainfall-runoff models[J]. Stochastic Environmental Research and Risk Assessment，2009，23(8)：1203-1211.

[77] MORADKHANI H，HSU K，HONG Y，et al. Investigating the impact of remotely sensed precipitation and hydrologic model uncertainties on the ensemble streamflow forecasting[J]. Geophysical Research Letters，2006，331(12)：285-293.

[78] MORADKHANI H，SOROOSHIAN S. General review of rainfall-runoff modeling：model calibration，data assimilation，and uncertainty analysis [G]//Hydrological Modelling and the Water Cycle. Springer，2009：1-24.

[79] YAN H X，MORADKHANI H. Combined assimilation of streamflow and satellite soil moisture with the particle filter and geostatistical modeling[J]. Advances in Water Resources，2016，94：364-378.

[80] BI H Y，MA J W，ZHENG W J，et al. Comparison of soil moisture in GLDAS model simulations and in-situ observations over the Tibetan Plateau[J]. Journal of Geophysical

Research: Atmospheres, 2016,121(6).

[81] YAN H X, DECHANT C M, MORADKHANI H. Improving soil moisture profileprediction with the particle filter-Markov chain Monte Carlo method [J]. Transactions on Geoscience and Remote Sensing, 2015,53(11):6134-6147.

[82] ZHANG H J, HENDRICKS-FRANSSEN H, HAN X J, et al. State and parameter estimation of two land surface models using the ensemble Kalman filter and particle filter [J]. Hydrology and Earth System Sciences, 2017,21(9):4927-4958.

[83] KARSSENBERG D, SCHMITZ O, SALAMON P, et al. A software framework for construction of process-based stochastic spatio-temporal models and data assimilation [J]. Environmental Modelling and Software, 2010,25(4):489-502.

[84] XU X Y, ZHANG X S, FANG H W, et al. A real-time probabilistic channel flood-forecasting model based on the Bayesian particle filter approach [J]. Environmental Modelling and Software. 2017,88(11):151-167.

[85] Yang H F, Yang S L, Xu K H, et al. Human impacts on sediment in the Yangtze River: a review and new perspectives[J]. Global and Planetary Change,2018,162:8-17.

[86] Yang S L, Xu K H, MILLIMAN J, et al. Decline of Yangtze River water and sediment discharge: Impact from natural and anthropogenic changes[J]. Scientific Reports, 2015,5.

[87] LU C, JIA Y F, JING L, et al. Shifts in river-floodplain relationship reveal the impacts of river regulation: A case study of Dongting Lake in China[J]. Journal of Hydrology, 2018,559:932-941.

[88] MOSAVI A, OZTURK P, CHAU K. Flood prediction using machine learning models: literature review[J]. Water. 2018, 10(11): 1536.